U0154086

玩轉攪拌機
效能加倍不NG

101 道新手必學
創業 OK 的營業配方大公開！

Contents

Part 1

每一天的活力
就從 Brunch 開始

Special Column

基礎甜麵團
17

鹽可頌
18

紅豆麵包
20

克林姆麵包
22

菠蘿麵包
24

肉鬆辮子麵包
26

雞蛋鮮奶吐司
28

手工漢堡排
30

Special Column

基礎包子饅頭麵團
原味／黑糖
32

雙色螺旋饅頭
33

銀絲卷
34

香蔥花捲
36

枸杞堅果饅頭
38

五香肉包
40

高麗素菜包
42

刈包
44

田園鮮蔬沙拉
45

凱薩醬
46

千島醬
46

法式油醋醬
47

日式胡麻醬
47

美乃滋
48

草莓果醬
49

Part
2

手作最安心的
家庭常備輕食料理

清炒蔬菜麵
51

Special Column
自製義大利麵
直麵／蝴蝶麵／小方餃
52

白醬鮮蝦
義大利麵
54

番茄肉醬
義大利餃
55

鮪魚沙拉蝴蝶麵
56

焗烤風琴馬鈴薯
57

蘿蔔糕
58

Special Column
手工麵條
白麵／菠菜麵
60

麻醬麵
62

炸醬麵
63

Special Column
水餃餛飩皮
原味／薑黃
64

玉米豬肉水餃
66

紅油抄手餛飩
67

Special Column
中式水調麵
溫水麵團
68

韭菜冰花煎餃
69

泡菜豬肉鍋貼
70

韭菜盒子
71

蔥油餅
72

香蔥豬肉餡餅
74

牛肉捲餅
76

Part
3

香菇丸
80

川丸子
82

蔬菜福袋
83

塔香雞肉丸
84

手工蛋餃
85

牛蒡天婦羅
86

月亮蝦餅
88

白菜獅子頭
90

珍珠丸子
92

蘇格蘭炸蛋
93

香菇鑲肉
94

香辣紅蘿蔔絲
96

味噌漬白蘿蔔片
96

蜜漬百香青木瓜
97

涼拌糖醋小黃瓜
97

五香高粱香腸
98

麻辣香腸
100

古早味炸雞捲
101

芋圓
102

地瓜圓
102

雙色麻糬
104

Part
4
姊妹「饗」專屬
五星級下午茶

巧克力杏仁餅乾
106

草莓雪球
108

白巧克力鳳梨夾心
110

蘭姆葡萄夾心
112

經典奶香曲奇
114

西瓜果凍
115

抹茶達克瓦茲
116

Q 旺馬卡龍
118

Special
Column
萬用千層酥皮
120

葡式蛋塔
122

千層杏派
124

蜜蘭諾鬆塔
125

鄉村起司派
126

玫瑰蘋果派
128

草莓布朗尼派
130

香草冰淇淋
132

巧克力冰淇淋
134

Part
5

誠意十足 Handmade
私房美味伴手禮

經典鳳梨酥

136

Special
Column

中式酥油皮

139

柚香造型蛋黃酥

140

燒餅鳳梨酥

142

臺灣味麻糬 Q 餅

144

綠豆椪

146

月娘酥

148

太陽餅

149

厚奶茶瑪德蓮

150

紅蘿蔔蛋糕

152

抹茶輕乳酪

154

老奶奶檸檬蛋糕

156

古早味肉鬆蛋糕

158

生乳捲

160

千葉紋蜂蜜蛋糕捲

162

草莓蛋糕盒

164

提拉米蘇

166

Part
6

小資創業也 OK ！
一口千金手工糖

卡哇依棉花糖

170

南棗核桃糕

172

杏仁牛軋糖

174

乳加巧克力棒

177

榛果巧克力牛軋糖

178

草莓牛軋糖

180

芝麻杏仁雙色牛軋糖

182

蛋捲牛軋糖

184

繽紛果香雪花餅

186

高纖煉乳棒

188

抹茶牛軋餅

190

奶香牛軋方塊酥

192

馬卡龍牛軋糖

194

善用器材效能佳——
融會貫通變化多！

　　對於喜歡自己動手做菜的朋友，應該常會想：我現在做的這個餡料除了做這個以外，是不是還能做什麼？我那麼費勁打了這個麵團，難道只能做饅頭，還能做什麼呢？其實很多麵食或餡料，只要基本配方對了，它是可以做許多變化的。

　　這次我設計了一些基本的中式麵團及餡料，做出一些變化。讓讀者能了解其實他們都是互通的。例如：只要會做發酵麵團就可以做出饅頭、銀絲卷、肉包子、素菜包……等發酵麵食。而麵條、水餃皮、餛飩皮……等都是用冷水麵團做的。除了教你做，也讓讀者知道，其實它們基本配方都一樣，只是作法稍作改變就能做出來。而工欲善其事，必先利其器。有好用的工具，會讓你的工作更輕鬆。利用一些方便的多功能器具，在操作上會更輕鬆、快速，成品也更符合要求。

　　這次有幸與「點心小魔女」杜佳穎老師一起合作。所以除了我的中式食品外。也能學到杜佳穎老師受歡迎的烘焙點心。中西合併！讓讀者能在一本書裡學到中西式食品。衷心希望這本書能讓喜歡自己動手做的您有些許幫助。

料理達人 李德全

脫「穎」而出烘焙趣～
小額創業不是夢！

　　烘焙這件事，除了療癒人心，也能為自己創造小額創業的可能！而環繞在烘焙產業的器具更是五花八門。尤其近年食安風暴，很多廚具廠商的設備都升級，書中就是使用最新款 KitchenAid 多功能攪拌機，可以一機十二用，一秒變身攪碎器、壓麵器、切麵器、切絲切片器、蔬果榨汁機、製冰淇淋組及製香腸器等等，可切絲、切片，讓剛採的草莓自動攪碎、榨汁煮果醬；蘋果切成片做玫瑰花形狀，還有紅蘿蔔可以刨絲，烤健康的磅蛋糕⋯⋯

　　書中佳穎精選了 51 道烘焙美味，每一道配方都是可商業販售的可口配方，有把創業麵包的四大天王～奶油、紅豆、肉鬆蔥花與菠蘿麵包的麵團如何打出完美筋度；網購熱銷的蛋糕捲、生乳捲、襲捲全台加盟熱潮的古早味蛋糕，打蛋澎發秘訣；每年創造百億商機的鳳梨酥、蛋黃酥、太陽餅的酥皮香薄、不油的得獎配方，與近年台灣的新金磚「牛軋糖」與蔥餅、蛋捲、方塊酥、咖啡、草莓、巧克力、抹茶、堅果等經典與創新融合的嚴選風味！

　　書中每道都是賞心悅目、好看好吃，經過不斷研發，才能脫「穎」而出的心血結晶，希望讓熱愛烘焙的朋友，除了手作分享親友，食得美味安心；也能在家開業接單，小成本開創人生第二春。

烘焙達人　杜佳穎

挑選多用途高效攪拌機

　　科技日新月異，廚房家電也不時推陳出新，但倘若居家或廚房空間不夠大，卻又希望使用好的器材讓料理過程更便利舒適，那麼每一分錢都應該花在刀口上，選擇符合需求、甚至一機多用的廚房家電顯得格外重要。

　　初學者最常使用「手持式電動攪拌機」，因體積小、輕盈好收納，常是入門者首選，但功能侷限於基本麵糊或蛋白打發；而進階的桌上型「抬頭式攪拌機」和「升降式攪拌機」，雖體積稍大，但具有多段速、馬力強、高續航力、耐用、容量大等優勢，能滿足全方位的料理／烘焙需求，更能提供創業者高效能的作業效率與生產品質。

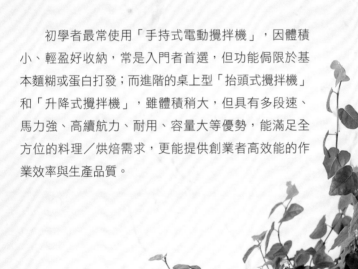

◆更多資訊看這裡：

停・看・聽
精挑細選優質攪拌機

 全金屬機身搭載直驅動力，行星軌跡勻稱拌合

選購家電用品，擁有好口碑的品牌是首要考量。好的廠商在研發上不遺餘力，願意了解使用者需求並加倍設想。以評價極佳的 KitchenAid 攪拌機為例，由傳承百年經驗的美國專業大廠研發製造，符合國家 BSMI 安全規定。以超優品質成為攪拌機品牌的第一把交椅，深獲料理界與烘焙界肯定喜愛，亦為藍帶廚藝學校指定專業攪拌機。

KitchenAid 攪拌機全機金屬製造，耐用穩固不晃動，有著安全性高的優質機身，功能設計上也絕對不馬虎。打蛋器每旋轉一圈和攪拌缸有多達 59 ～ 67 個接觸點的行星軌跡 planetary action，打蛋器在運行中，不僅隨攪拌軸以行星運轉的方式移動，同時還以攪拌軸為中心進行自轉，行星軌跡轉動可確保盆內食材全方位攪拌，自轉可以幫助食材的快速混合和空氣的充分注入，以達到完美快速打發的效果。

 十速調節，符合各種烹飪要求

晚上要幫孩子慶生，來烤個蛋糕給他驚喜吧！吃膩了外頭的早餐，決定揉麵團自製包子饅頭……，為了因應不同料理需求，多變的轉速對使用者而言也特別重要，選擇擁有十速調節的攪拌機，就能視食材特性、料理目的選用，搭配不同配件，達成一機多用的夢想。

機種差異

KitchenAid 機型	4.5QT 抬頭式（4.26 公升）		5QT 抬頭式（4.73 公升）		6QT 升降式（5.68 公升）	

使用目的	甜點、料理為主		甜點、料理為主，少量麵包、饅頭類		甜點、料理為主，兼顧麵包、饅頭類	
烤箱搭配	烤箱能容納 1 條半吐司		烤箱能容納 2 條半吐司		烤箱能容納 3 條半吐司	
材料＼重量	最小量	最大量	最小量	最大量	最小量	最大量
全蛋	1 個（50g）	8 個（400g）	1 個（50g）	8 個（400g）	2 個（100g）	10 個（500g）
蛋白	1 個（30g）	8 個（240g）	1 個（30g）	8 個（240g）	3 個（90g）	10 個（300g）
麵粉	200g	500g	200g	600g	250g	900g
奶油	200g	900g	200g	1000g	250g	1200g
麵團總重	200g	900g	200g	1000g	250g	1200g

 轉速使用建議

轉速		適合	幫你完成……
慢速	1	攪拌	攪拌程序的起點，混合液體（或麵糊）與乾料的好幫手。
	2	慢速混合	用以揉拌生麵團、糖果及質地稍重的麵團，或混合較稀、易噴濺的麵糊，還能搗碎蔬菜。
中速	4	攪拌、混打	攪拌糕餅等厚重的麵糊，或將糖與奶油混打成奶油狀。
	6	混打、攪打成奶油狀	完成蛋糕等麵糊的攪拌。
快速	8	快速混打、攪拌	攪拌奶油、蛋白、義式蛋白霜。
	10	快速攪拌	攪拌少量奶油和蛋白。

※ 如要微調速度，可將速度控制在上圖所列的速度之間，可達到 3、5、7、9 檔的速度。

※ 在製作酵母麵團，如：麵包和饅頭類時，速度控制在 1～2 檔，不要超過 2 檔，避免攪拌機受損。

專屬設計配件
一機多用讓料理變輕鬆

如果你以為攪拌機只能攪打麵糊、麵團,這樣的舊印象已經落伍啦!隨著人們的健康意識抬頭,越來越愛在家動手自製美味的料理、糕點、麵食,連帶也促使攪拌機的功能推陳出新,衍生出多達十餘種的配件,單一接口拆卸更換方便,同品牌所有機型皆適用,揉拌麵團、麵糊是基本功能,還能壓麵、切麵、絞肉、榨汁、攪碎蔬果……,迅速變身成多功能料理機。

給愛玩烘焙的你──打蛋器

用於攪拌需要拌入空氣的混合物。5Q ／ 6Q 皆搭配六爪金屬絲設計,有助快速將空氣混入食材,打發至蓬鬆、柔軟的程度。適合打蛋(全蛋／蛋白／蛋黃)、鮮奶油、美奶滋。

給喜愛麵食的你──麵團勾

用於攪拌和搓揉發酵麵團,透過與缸邊拍打勻稱的攪打、揉壓麵團,適合攪拌麵包、吐司、饅頭麵團。

給充滿料理創意的你──平攪拌槳

用於攪拌普通至重型混合物,接觸面 Y 型設計利於攪拌均勻,適合攪拌奶油、餅乾麵團、糖果、內餡、奶油糖霜、馬鈴薯泥、比斯吉、鬆餅。

其他擴充配備
豐富料理生活

❶ 壓麵器

等同於桿麵棍的效果，能揉壓出8種厚度變化，延伸製作翻糖、麵條、餃子皮、饅頭等。

❷ 切麵器

不同的切麵寬度可供選擇，麵條要粗要細都可以。

❸ 攪碎器

輕鬆攪碎硬質蔬菜、水果、肉類，可製作包子或餃子餡、肉丸、魚丸等。

❹ 蔬菜切絲切片器

不用練刀工，三種刀頭任意替換，快速完成切絲、切片的步驟，尤其適合大量製作蔬果餡料時使用。

❺ 多功能切菜器

自製沙拉必備好幫手，切片、削皮、切絲難不倒，另可製作蔬菜麵、螺旋式切片，好料迅速上桌。

❻ 榨汁器

徹底釋放原汁不浪費，並且過濾果肉渣籽，大口飲用無渣的現榨果汁。

❼ 蔬果濾汁組

可去除果皮、精磨水果，在家自製嬰兒副食品或果泥、醬汁、濃湯等，需搭配③攪碎器使用。

❽ 製香腸器

拌出自製肉餡後，利用製香腸器灌入腸衣，做出獨家風味的安心香腸，需搭配③攪碎器使用。

❾ 冰淇淋機配件組

使用前要將冷凍碗放在冰箱冷凍至少15個小時，架上攪拌機和攪拌槳後，開始轉動時才能倒入冰淇淋糊，避免提早冷凍卡住攪拌槳。

PART
1

每一天的活力就從 Brunch 開始

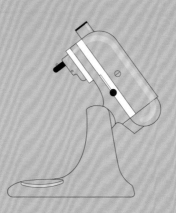

基礎甜麵團

 分量｜800g

  麵團勾

材料

A

高筋麵粉……345g
低筋麵粉……85g
細砂糖……75g
鹽……4g
奶粉……17g
速發乾酵母……6g
全蛋……40g

B

冰水……225g
無鹽發酵奶油（室溫軟化）……35g

作法

1. 所有材料 A 放入攪拌缸，用麵團勾以慢速混合。

2. 打到材料均勻成團、有彈性，達到擴展階段，抓一小塊麵團拉開測試，可拉出粗糙的薄膜（缺口呈鋸齒狀）。

3. 加入已於室溫軟化的無鹽發酵奶油。

4. 繼續以中速攪打至奶油完全吸收、麵團光滑，達完成階段。

5. 抓一小塊麵團，可拉開成薄膜（比擴展階段薄，缺口呈平滑狀）。

6. 將麵團放入鋼盆中，蓋上保鮮膜靜置，基本發酵約50 分鐘。

7. 待麵團膨脹至約 2 倍大（※ 手指沾麵粉戳入麵團，麵團不回縮、塌陷）。

8. 取出完成基本發酵的麵團，分割成所需大小，滾圓，中間發酵 15 分鐘。
   ※ 中間發酵後進行後續整形→最後發酵→裝飾→烤焙即可。

01 鹽可頌

分量 | 20 個

麵團勾

材料

A

| P.17 基礎甜麵團……**1** 份

B

| 全蛋液……**1** 顆
| 海鹽……少許

作法

1. 取已完成基本發酵的甜麵團,分割為 40g / 個,滾圓,中間發酵 15 分鐘。

2. 將麵團擀開成細長三角形,翻面,底部劃一刀,捲起整形成牛角型,排入烤盤,進行最後發酵 50 分鐘。

3. 表面刷全蛋液,撒上海鹽,以上火 200°C / 下火 180°C烤 8 分鐘,烤盤調頭再烤 5 分鐘,出爐輕敲烤盤一下,移到冷卻架即可。

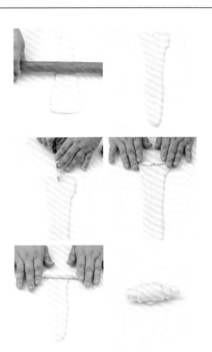

TIPS

鹽可頌很適合夾入火腿和生菜等餡料,當作三明治麵包使用。除此之外,你也可以直接將分割滾圓的麵團裹上生白芝麻,最後發酵後入爐烘烤,就是早餐店熱門的漢堡麵包囉!

02 紅豆麵包

分量 ｜ 20 個

麵團勾

材 料

A

| P.17 基礎甜麵團……1 份

B

紅豆餡……400g
蛋黃液……適量
黑芝麻……適量

作 法

1. 取已完成基本發酵的甜麵團，分割為 40g／個，滾圓，中間發酵 15 分鐘。

2. 紅豆餡分割 20g／個，搓成圓球，備用。

3. 麵團拍成圓扁狀，包入紅豆餡，收口，排入烤盤，進行最後發酵 50 分鐘。

4. 表面刷全蛋液，用手指輕點黑芝麻裝飾，以上火 210℃／下火 180℃烤 8 分鐘，烤盤調頭再烤 5 分鐘，出爐輕敲烤盤一下，移到冷卻架即可。

｜自製紅豆餡｜

材料／

紅豆 300g、二砂糖 210g、黃麥芽 25g、鹽 3g

作法／

① 紅豆洗淨，以冷水浸泡 4～6 小時，瀝乾，放入鍋中，倒入蓋過紅豆的水量，以大火煮至滾沸，改中火煮約 30 分鐘，至紅豆軟化、爆開。

② 煮到水分快收乾時，加入二砂糖和黃麥芽拌勻，改小火煮到乾稠狀即可。

※ 想要口感更細緻，可以用篩網過篩；若想當作蛋糕餡，則可加入適量打發鮮奶油將餡料調軟。

03 克林姆麵包

分量｜20 個

麵團勾

打蛋器

材料

A

| P.17 基礎甜麵團……1 份

C

| 蛋黃液……適量

B 卡士達醬

| 蛋黃粉……25g
| 玉米粉……25g
| 細砂糖……60g
| 蛋黃……50g
| 鮮奶 a……250g
| 鮮奶 b……250g
| 無鹽發酵奶油……50g
| 香草莢……1/2 條

作法

1　【卡士達醬】蛋黃粉＋玉米粉＋細砂糖＋蛋黃，以打蛋器拌勻，加入鮮奶 a 拌勻。

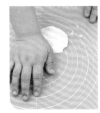

2　鮮奶 b＋無鹽發酵奶油＋剖開的香草莢，煮至滾沸，沖入作法 1 拌勻，再回鍋邊煮邊攪拌，煮到成濃稠狀，起鍋，以濾網過篩，表面以保鮮膜覆蓋，冷卻備用。

3　【組合】取已完成基本發酵的甜麵團，分割為 40g／個，滾圓，中間發酵 15 分鐘。

4　麵團拍成圓扁狀，包入 20g 卡士達醬，收口，排入烤盤，進行最後發酵 40 分鐘。

5　表面刷蛋黃液，擠上卡士達醬裝飾，以上火 200℃／下火 180℃烤 8 分鐘，烤盤調頭再烤 5 分鐘，出爐輕敲烤盤一下，移到冷卻架即可。

04 菠蘿麵包

 分量 | 20 個

麵團勾

平攪拌槳

材 料

A

P.17 基礎甜麵團……1 份

C

蛋黃液……適量

B

無鹽發酵奶油……60g
糖粉……60g
全蛋……40g
低筋麵粉……125g
奶粉……15g

作 法

1. 取已完成基本發酵的甜麵團,分割為 40g /
個,滾圓,中間發酵 15 分鐘。

2. 【菠蘿皮】材料 B 無鹽發酵奶油+糖粉,放
入攪拌缸,以打蛋器打勻,再分次加入全蛋
打勻,換平攪拌槳,加入低筋麵粉+奶粉,
以慢速拌勻成菠蘿皮。

3. 菠蘿皮分割 15g /個,搓成圓球、拍扁,包
覆在麵團表面,表面刷蛋黃液,排入烤盤,
進行最後發酵 50 分鐘。

4. 以上火 210℃ /下火 180℃烤 8 分鐘,烤盤
調頭再烤 5 分鐘,出爐輕敲烤盤一下,移到
冷卻架即可。

TIPS 包覆菠蘿皮時要盡量覆蓋到 2/3 的麵團範
圍,發酵後菠蘿皮面積才不會太小。

05 肉鬆辮子麵包

分量｜ 10 個

麵團勾

材料

A

| P.17 基礎甜麵團……1 份

B

海苔肉鬆……適量
蛋黃液……適量
蔥花……適量
白芝麻……少許
粗黑胡椒粉……少許
沙拉醬……適量

作法

1. 取已完成基本發酵的甜麵團，分割為 25g／個，滾圓，中間發酵 15 分鐘。

2. 麵團擀成長橢圓狀，鋪上肉鬆，捲起收口成長條狀；取 3 條編成辮子狀，排入烤盤，進行最後發酵 50 分鐘。

3. 表面刷蛋黃液，撒上適量的蔥花、白芝麻、粗黑胡椒粉，擠上沙拉醬，以上火 200℃／下火 180℃烤 10 分鐘，烤盤調頭再烤 8 ～ 10 分鐘。

4. 出爐輕敲烤盤一下，表面撒少許海苔肉鬆裝飾，移到冷卻架即可。

06 雞蛋鮮奶吐司

分量｜2條

麵團勾

材料

A

無高筋麵粉……250g
速發乾酵母……3g
細砂糖……30g
奶粉……15g
鹽……3g

B

果汁鮮奶……130g
全蛋……50g

C

老麵（註）……40g
無鹽發酵奶油……25g

作法

1. 所有材料 A 放入攪拌缸，用麵團勾以慢速拌勻，加入果汁鮮奶和全蛋，拌打至麵團表面光滑，加入老麵和無鹽奶油，以中速拌到完成階段，麵團拉開可呈透光薄膜狀。

2. 將麵團放入鋼盆中，蓋上保鮮膜靜置，基本發酵約 40 分鐘、膨脹至約 2 倍大，取出，均分成 4 團，滾圓，中間發酵 15 分鐘。

3. 整型擀捲 2 次，每兩團放入一個吐司模（SN2151），最後發酵約 50 分鐘，到麵團發酵高度約達模具 8 分滿。

4. 以上火 160℃ / 下火 210℃ 烤 20 分鐘，關閉上火、烤盤調頭再烤 15～20 分鐘，出爐、輕敲一下，脫模，移到冷卻架即可。

｜簡易老麵｜　（註）

材料 /
高筋麵粉 100g、水 65g、速發乾酵母 1.5g

作法 /
① 所有材料攪拌均勻，放入冰箱冷藏，至少發酵 6 小時後再使用，勿超過 ? 小時。
※ 大部分是前一夜製作，用不完可分裝冷凍保存 3 個月，使用前先退冰即可。

07 手工漢堡排

 分量｜6個

材料

麵團勾

攪碎器

沙朗牛肉……1200g
洋蔥……150g
雞蛋……2 顆

調味料
鹽……2 小匙
細砂糖……1 小匙
粗黑胡椒粉……2 小匙

其它
無鹽奶油……適量
漢堡麵包……6 個
起司片……6 片
番茄片……6 片
美生菜……適量
P.22 美乃滋……適量

作法

1　沙朗牛肉、洋蔥，依序以攪碎器（粗磨板）攪成牛絞肉、洋蔥末，備用。

2　牛絞肉＋鹽，放入攪拌缸，用麵團勾以中速攪拌約 20 秒，至絞肉有黏性，加入細砂糖、粗黑胡椒粉、洋蔥末及雞蛋，繼續攪拌約 1 分鐘，完成漢堡肉餡。

3　將漢堡肉餡均成 6 等分，拍打成圓球，壓成餅狀，中間略壓凹陷；熱平底鍋，加入少許無鹽奶油，放入漢堡排，以小火煎約 3 分鐘，翻面，煎 3 分鐘，起鍋備用。

4　漢堡麵包剖開，抹上適量美乃滋，夾入美生菜、番茄片、漢堡排、起司片即可。

基礎包子饅頭麵團

包子饅頭使用的麵團為中式發麵的發酵麵團，製作方式簡單，若想增加麵團風味，可加入風味粉或其它蔬果泥，視添加食材的濕度或味道，調整其它材料用量。

  麵團勾

 分量｜約 950g

原味 · 發酵麵團

材料

中筋麵粉……600g
細砂糖……60g
速發乾酵母……6g
水……300g

作法

1. 中筋麵粉＋細砂糖＋速發乾酵母＋水，放入攪拌缸，用麵團勾以低速攪拌約 2 分鐘，至材料成團，改中速攪拌約 5 分鐘，至麵團呈光滑狀。

2. 取出麵團，蓋上保鮮膜或乾淨的濕布，靜置鬆弛 20 分鐘。

3. 將麵團分割、整形成所需大小和造型即可。

黑糖 · 發酵麵團

材料

黑糖粉……80g
熱開水……100g
中筋麵粉……600g
速發乾酵母……6g
水……200g

作法

1. 黑糖＋熱開水，攪拌均勻至糖溶，倒入水拌勻，放涼，完成黑糖水，備用。

2. 中筋麵粉＋速發乾酵母＋黑糖水，放入攪拌缸，用麵團勾以低速攪拌約 2 分鐘，至材料成團，改中速攪拌約 5 分鐘，至麵團呈光滑狀。

3. 取出麵團，蓋上保鮮膜或乾淨的濕布，靜置鬆弛 20 分鐘，將麵團分割、整形成所需大小和造型即可。

08 雙色螺旋饅頭

分量 | 12 個

麵團勾　壓麵器

材 料

P.32 原味發酵麵團……1 份
P.32 黑糖發酵麵團……1 份

作 法

1　原味發酵麵團和黑糖發酵麵團先後以壓麵器（刻度 1），反覆壓至表面光滑。

2　將壓好的兩色麵團片修整成一樣大小，兩片重疊，捲起成圓筒狀，用刀將麵團切成約 5cm 的段，排入蒸籠，蓋上蒸蓋，靜置約 40 分鐘讓饅頭醒發。

3　開爐火，待滾水鍋蒸氣升起，將醒好的雙色螺旋饅頭上爐，以大火蒸約 15 分鐘，關火取出即可。

09 銀絲卷

 分量｜10 個

材料

P.32 原味發酵麵團……2 份
沙拉油……適量

麵團勾　　壓麵器　　切麵器

作法

1 原味發酵麵團均分成兩份，一份用壓麵器（刻度 1），反覆壓至表面光滑；一份用壓麵器（刻度 4），反覆壓至表面光滑，備用。

2 取較薄的麵團片（刻度 4），放入細切麵器切出細麵條，切成約 12cm 長段，分成 10 分，刷上沙拉油備用。

3 取較厚的麵團片（刻度 1）分切為適當大小，擺上細麵條，包成長條型，排入蒸籠，蓋上蒸蓋，靜置約 40 分鐘，讓銀絲卷醒發。

4 開爐火，待滾水鍋蒸氣升起，再將醒好的銀絲卷上爐，以大火蒸約 15 分鐘，關火取出即可。

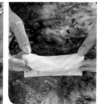

10

香蔥花捲

分量｜**10** 個

麵團勾

壓麵器

材料

| P.32 原味發酵麵團……**1** 份
蔥花……**60g**
沙拉油……**2** 匙
鹽……**2** 小匙

作法

1　原味發酵麵團和黑糖發酵麵團先後以壓麵器（刻度 1），反覆壓至表面光滑。

2　平鋪在桌上，表面刷一層沙拉油，均勻地撒上鹽和蔥花，將麵團片對折三次，貼合壓平。

3　切成寬約 2cm 寬的長條片→每 3 片疊起→用筷子從中間壓下→再用筷子輔助，對折、扭轉，捲成圓球狀，排入蒸籠，蓋上蒸蓋，靜置約 40 分鐘，讓花捲醒發。

4　開爐火，待滾水鍋蒸氣升起，再將醒好的花捲上爐，以大火蒸約 15 分鐘，關火取出即可。

11 枸杞堅果饅頭

分量｜10 個

麵團勾

壓麵器

材料

中筋麵粉……600g
細砂糖……40g
速發乾酵母……6g
水……300g
枸杞……20g
綜合堅果……150g

作法

1 中筋麵粉＋細砂糖＋速發乾酵母＋水，放入攪拌缸，用麵團勾以低速攪拌約 2 分鐘至成團，加入枸杞，改中速攪拌約 5 分鐘，至麵團呈光滑狀，取出。

2 將枸杞麵團放入壓麵器（刻度 1），反覆壓至枸杞充分與麵團融合，麵團色澤會染黃上色、麵團片呈光滑狀。

3 平鋪，撒上綜合堅果，捲成圓柱狀，切成 5cm 段，排入蒸籠，蓋上蒸蓋，靜置約 40 分鐘，讓饅頭醒發。

4 開爐火，待滾水鍋蒸氣升起，將醒好的枸杞堅果饅頭上爐，以大火蒸約 15 分鐘，關火取出即可。

(12) 五香肉包

 分量｜20 個

麵團勾

攪碎器

材 料

A

| P.32 原味發酵麵團……1 份

B 肉餡

| 豬後腿肉……900g
| 鹽……1 又 1/2 小匙
| 細砂糖……1 又 1/2 大匙
| 醬油……3 大匙

米酒……3 大匙
白胡椒粉……1 又 1/2 小匙
五香粉……1 又 1/2 小匙
蔥花……80g
薑……30g
紅蔥酥……20g
香油……4 大匙

作 法

1. 〔肉餡〕豬後腿肉以攪碎器（粗磨板）攪成豬絞肉；薑以攪碎器（精磨板）攪成薑末，備用。

2. 豬絞肉＋鹽，放入攪拌缸中，用麵團勾以中速攪拌約 20 秒，至有黏性，加入細砂糖、醬油、米酒、白胡椒粉、五香粉，改慢速攪打約 1 分鐘，再加入蔥花、薑末、紅蔥酥及香油，繼續以慢速攪拌約 10 秒，取出備用。

3. 〔組合〕原味發酵麵團分割為 45g／個，蓋上濕布，醒約 20 分鐘，開成圓扁狀，包入 45g 肉餡，打摺收口成包子形，排放入蒸籠，蓋上蒸蓋，靜置約 30 分鐘讓包子醒發。

4. 開爐火，待滾水鍋蒸氣升起，將醒好的五香肉包上爐，以大火蒸約 15 分鐘，關火取出即可。

13 高麗素菜包

 分量｜20 個

麵團勾

切絲切片器

材料

A

| P.32 原味發酵麵團……1 份

B 內餡

| 高麗菜……450g
| 紅蘿蔔……75g
| 豆皮……45g
| 黑木耳絲……75g

泡發香菇絲……45g
鹽……1/2 小匙
細砂糖……1/2 小匙
白胡椒粉……1 又 1/2 小匙
香油……3 大匙

作法

1　【內餡】高麗菜切成約 2cm 見方的片狀；紅蘿蔔以切絲切片器（粗絲刀片筒）切絲；豆皮切絲；將所有內餡材料拌勻成內餡。

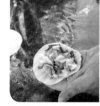

2　【組合】原味發酵麵團分割為 45g／個，蓋上濕布，醒約 20 分鐘， 開成圓扁狀，包入約 35g 內餡，打摺收口成葉子形，排放入蒸籠，蓋上蒸蓋，靜置約 30 分鐘讓包子醒發。

3　開爐火，待滾水鍋蒸氣升起，將醒好的高麗素菜包上爐，以大火蒸約 10 分鐘，關火取出即可。

14 刈包

分量 | 15 個

材料

A 刈包

P.32 原味發酵麵團……1 份
沙拉油……適量

麵團勾

B 餡料

控肉……15 片
炒酸菜……適量
花生粉……適量
香菜末……適量

作法

1. ﹝刈包﹞將原味發酵麵團分割成 60g／個，開成長橢圓型，在上半部刷沙拉油（防止麵皮黏住），對折成半圓形，排放入蒸籠，蓋上蒸蓋，靜置約 30 分鐘讓刈包醒發。

2. 開爐火，待滾水鍋蒸氣升起，將醒好的刈包上爐，以大火蒸約 6 分鐘，取出。

3. 趁熱，將刈包打開，夾入控肉、炒酸菜、花生粉及香菜末即可。
   ※ 可以把控肉替換成 P.30 的手工漢堡排。

田園鮮蔬沙拉

將紅蘿蔔、小黃瓜等新鮮蔬果，放入切絲切片器迅速前置，
搭配喜歡的沙拉醬，就是一盤清爽低卡的生菜沙拉囉～

切絲切片器

45

15 凱薩醬

材料

P.22 美乃滋……200g
油漬鯷魚……10g
洋蔥……15g
蒜仁……20g
第戎芥末籽醬……30g
白胡椒粉……1/2 小匙
帕瑪森起司粉……15g

作法

1 所有材料放入食物調理機，攪打均勻即可。

16 千島醬

材料

P.22 美乃滋……250g
番茄醬 ……100g
美式酸黃瓜……30g
洋蔥……30g

作法

1 所有材料放入食物調理機，攪打均勻即可

⑰ 法 式 油 醋 醬

材料

白酒醋……100 g
初榨橄欖油……100 g
巴西里……2g
蒜仁……30g
細砂糖……30g
鹽……1/2 小匙
粗黑胡椒粒……1 小匙

作法

1. 所有材料放入食物調理機，攪打均勻即可。

⑱ 日 式 胡 麻 醬

材料

P.22 美乃滋……4 大匙
味醂……2 大匙
日式醬油……2 大匙
芝麻醬…1 大匙
蘋果醋……1 大匙
第戎芥末籽醬……1 大匙
飲用水……1 大匙

作法

1. 所有材料放入食物調理機，攪打均勻即可。

⑲ 美乃滋

材料

蛋黃……2 顆
細砂糖……80g
沙拉油……300g
鹽……1/4 小匙
白醋……40g

作法

1　蛋黃放入大碗，先加入 1/2 的細砂糖。用攪拌器高速打發至色變淡。

2　慢慢加入約 1/4 的沙拉油，一邊繼續打發，再加入其餘 1/2 的細砂糖、鹽。

3　倒入 1/2 的白醋，持續攪打，慢慢將其餘 3/4 的沙拉油加完。

最後倒入剩餘 1/2 的白醋打勻即可。

TIPS　加入白醋會讓美乃滋顏色變淡，也帶來酸甜風味。

TIPS

果醬要趁熱裝在以熱水煮沸殺菌過的玻璃瓶，蓋上瓶蓋後倒立擺放涼，真空延長保存期限。室溫下未開封果醬可保存1個月、冷藏2個月，開封後需冷藏且建議2周內食用完畢。

20 草莓果醬

分量｜約300g

攪碎器

蔬果濾汁組

材料

草莓……400g
細砂糖……150g
檸檬汁……15g

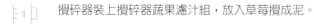

作法

1 攪碎器裝上攪碎器蔬果濾汁組，放入草莓攪成泥。

2 將所有材料放入不沾鍋，靜置10分鐘讓材料互相吸收。

3 以中小火熬煮至濃稠狀（木匙刮底可看到鍋底的濃稠度；滴一些果醬到冰水，可凝結成一塊），起鍋趁熱裝瓶密封即可。

PART
2

手作最安心的
家庭常備輕食料理

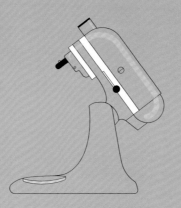

21　清炒蔬菜麵

分量｜ 1 人份

多功能切菜器

材料

紅蘿蔔……60g	
黃櫛瓜……100g	
綠櫛瓜……100g	
蒜末……15g	
洋蔥末……10g	

調味料

橄欖油……**1** 大匙
鹽……**1/4** 小匙
粗黑胡椒粉……**1/4** 小匙
水……**60g**

作法

1　紅蘿蔔、黃櫛瓜、綠櫛瓜以多功能切菜器（中刨絲刀）刨成蔬菜絲，備用。

2　熱鍋，倒入 1 大匙橄欖油，以小火炒香蒜末和洋蔥末，加入蔬菜絲炒香，再加入鹽、粗黑胡椒粉及水，翻炒均勻，炒至蔬菜熟軟即可。

TIPS
材料中的水分可以替換成菠菜汁或紅蘿蔔汁，就能變化麵條的色澤、風味。

自製義大利麵 · 直麵 / 蝴蝶麵 / 小方餃

 分量｜900g

麵團勾　壓麵器　切麵器

材 料

A

杜蘭小麥粉……750g
鹽……1 小匙
雞蛋……3 顆
水……180g

B 小方餃內餡

豬肉……200g
薑……5g
鹽……2g
細砂糖……2g
黑胡椒粉……少許

作 法

1. 所有材料放入攪拌缸，用麵團勾以慢速攪拌約 2 分鐘，讓材料混合均勻，改中速攪拌約 5 分鐘，至拌打成團、質地光滑，取出。

2. 將麵團放入壓麵器（刻度 1），反覆對折壓 3 ～ 4 次，至表面光滑，調整至（刻度 4）壓薄成長方形片狀。

3. 【寬 / 細麵】壓薄的麵片以寬 / 細麵切麵器切出細麵條狀即可。

4. 【蝴蝶麵】壓薄的麵片以波浪刀切出寬 4cm 長條，再以滾輪刀或菜刀切寬 5cm 塊狀，用手從中間捏緊成蝴蝶狀即可。

5. 【小方餃】壓薄的麵片以波浪刀切出寬 4cmX4cm 塊狀，包入 4g 內餡，蓋上另一片麵片，捏緊邊緣即可。

㉒ 白醬鮮蝦義大利麵

分量｜1 人份

壓麵器

麵團勾

切麵器

材料

P.52 義大利寬麵……180g
蝦仁……150g
洋蔥……30g
蒜仁……10g
九層塔葉……3g
起司粉……適量

調味料

市售奶油白醬……100g
白酒……50g
煮麵水……100g

作法

1　洋蔥和蒜仁放入食物調理機，打碎備用。

2　備滾水鍋，加入 1/2 小匙鹽，放入義大利寬麵，拌開，以小火煮約 4 分鐘，撈起瀝乾（煮麵水留用）。

3　熱鍋，倒入 1 大匙橄欖油，以小火炒香洋蔥末、蒜末，加入蝦仁和白酒，炒至表面變白，加入奶油白醬、煮麵水，煮勻。

4　加入燙熟的義大利寬麵，炒勻，以中火煮至水分略稠，加入九層塔葉翻炒均勻，盛盤，依喜好撒上適量起司粉即可。

23 番茄肉醬義大利餃

 分量 | 1 人份

壓麵器

攪碎器

麵團勾

材料

P.52 義大利小方餃……10 顆
豬肉……100g
洋蔥……30g
蒜仁……10g
巴西里末……少許

調味料

市售番茄紅醬……100g
水……100g

> **TIPS**
> 義大利小方餃的內餡可以包入菠菜餡、起司餡、肉餡或海鮮等，燙熟後拌入喜歡的醬料食用。

作法

1. 洋蔥＋蒜仁，以攪碎器（粗磨板）攪碎，再放入豬肉攪碎，備用。

2. 備滾水鍋，加入 1/2 小匙鹽，放入義大利小方餃，拌開，以小火煮約 6 分鐘，撈起瀝乾，備用。

3. 熱鍋，倒入 1 大匙橄欖油，以小火炒香洋蔥末、蒜末，加入豬絞肉，炒至肉色變白，倒入番茄紅醬、水，煮勻，再加入燙熟的小方餃，以中火炒至水分略稠，盛盤，撒上巴西里末即可。

(24) 鮪魚沙拉蝴蝶麵

 分量 | 1 人份

壓麵器

麵團勾

材料

P.52 蝴蝶麵……200g
罐頭鮪魚……100g
彩椒丁……100g
洋蔥丁……10g
橄欖油……適量

調味料

市售奶油白醬……100g
白酒……50g
煮麵水……100g

作法

1　備滾水鍋，加入 1/2 小匙鹽，放入蝴蝶麵，拌開，以小火煮約 6 分鐘，撈起瀝乾，以適量橄欖油拌勻（避免沾黏），備用。

2　彩椒丁燙熟，撈起瀝乾，加入洋蔥丁、鮪魚，拌勻，放入調理盆中。

3　加入燙熟的蝴蝶麵和所有調味料，攪拌均勻即可。

25 焗烤風琴馬鈴薯

分量 | 2 人份

多功能切菜器

材 料

馬鈴薯……2 顆
火腿片……16 片
焗烤用起司絲……60g
橄欖油……2 大匙
粗黑胡椒粉……適量
巴西里末……少許

作 法

1. 馬鈴薯洗淨,用多功能切菜器(大切片刀)刨成螺旋片狀,擺入烤皿。

2. 將火腿片塞入馬鈴薯片縫隙中,淋上橄欖油,放入烤箱,以上/下火160℃烤6分鐘,取出,撒上焗烤用起司絲,再以上/下火180℃烤約12分鐘,至馬鈴薯熟軟即可。

(26) 蘿蔔糕

分量│2 條

平攪拌槳

切絲切片器

材料

A

去皮白蘿蔔……400g
紅蔥頭碎……30g
水……400g

B

在來米粉……200g
日本太白粉……50g
鹽……2 小匙
細砂糖……1 小匙
白胡椒粉……1/2 小匙
水……300g

作法

1 白蘿蔔以切絲切片器(細絲刀片筒)刨絲;所有材料 B 放入攪拌缸,用平攪拌槳以低速拌勻成粉漿,備用。

2 取鍋,倒入 2 大匙沙拉油,以小火炒香紅蔥頭碎,放入白蘿蔔絲和 400g 的水,煮滾後熄火,沖入作法 1 粉漿內,拌至糊化,倒入抹油的鋁箔盒,抹平。

3 放入水已滾沸的蒸籠,蒸約 40 分鐘後取出,冷卻、脫模,切片放入鍋中,煎至兩面金黃上色即可。

手工麵條

白麵條

 分量｜900g

材 料

麵團勾　　壓麵器　　切麵器

高筋麵粉……600g
鹽……6g
水……300g

作 法

1. 高筋麵粉＋鹽＋水，放入攪拌缸，用麵團勾以慢速拌至材料混勻，改中速攪拌至拌打成團、質地光滑，取出。

2. 將麵團放入壓麵器（刻度 1），反覆對折壓 3～4 次，至表面光滑，調整至（刻度 4）壓薄成長方形片狀，以細麵切麵器切出麵條即可。

菠菜麵

 分量｜900g

材 料

麵團勾　　壓麵器　　切麵器

高筋麵粉……600g
鹽……4g
菠菜葉……130g
水……250g

作 法

1. 菠菜葉＋水，放入果汁機，攪打約 1 分鐘，濾除殘渣，取 300g 菠菜汁，備用。

2. 高筋麵粉＋鹽＋菠菜汁，放入攪拌缸，用麵團勾以慢速拌至材料混勻，改中速攪拌至拌打成團、質地光滑，取出。

3. 將麵團放入壓麵器（刻度 1），反覆對折壓 3～4 次，至表面光滑，調整至（刻度 4）壓薄成長方形片狀，以寬麵切麵器切出麵條即可。

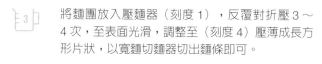

(27) 麻醬麵

 分量 | 1 人份

材料

A
P.60 白麵條……300g
小黃瓜絲……100g
熟紅蘿蔔絲……30g

切絲切片器

B 麻 醬
芝麻醬……1 大匙
飲用水……1 大匙
醬油膏……1 大匙
白醋……1 大匙
辣油……1 大匙
細砂糖……1 小匙
蒜仁……10g

食物調理機

作法

1　【麻醬】所有材料 B 放入食物調理機，打勻備用。

2　備滾水鍋，放入白麵條，以小火煮約 3 分鐘，撈起瀝乾，盛入碗中，擺上小黃瓜絲和熟紅蘿蔔絲，淋入麻醬即可。

28 炸醬麵

 分量｜2 人份

攪碎器

材料

A

P.60 菠菜麵……300g
蔥花……20g

B 炸醬

豬肉……400g
紅蔥頭……30g
洋蔥……50g
甜麵醬……4 大匙
豆瓣醬……4 大匙
細砂糖……1 小匙
水……200g

作法

1　【炸醬】豬肉、紅蔥頭、洋蔥，各別以攪碎器（粗磨板）攪碎，備用。

2　熱鍋，倒入 2 大匙沙拉油，以小火爆香紅蔥頭末至表面微金黃，加入豬絞肉，炒至肉色變白，再加入洋蔥末炒至透明、變軟，再加入蔥花炒香。

3　續入豆瓣醬、甜麵醬，翻炒均勻，加入水、細砂糖煮滾，至醬汁呈微稠狀，起鍋備用。

4　備滾水鍋，放入菠菜麵，以小火煮約 4 分鐘，撈起瀝乾，盛入碗中，淋上適量炸醬即可。

水餃餛飩皮

 分量 | 800 ～ 900g

麵團勾　壓麵器

材料

原味

材料
中筋麵粉……600g
鹽……4g
水……300g

薑黃

材料
中筋麵粉……600g
薑黃粉……5g
鹽……4g
水……300g

作法

1. 所有材料放入攪拌缸，用麵團勾以慢速拌至材料混勻，改中速攪拌至拌打成團、質地光滑，取出。

2. 將麵團放入壓麵器（刻度1），反覆對折壓3～4次，至表面光滑，調整至（刻度4）壓薄成長方形片狀。

3. 依需求用圓形模具壓出圓片、或切7cm見方的塊狀（餛飩皮）即可。
   ※ 原味&薑黃水餃餛飩皮作法相同。

TIPS
手工麵條、水餃餛飩皮，都是屬於中式麵食水調麵中的「冷水麵」，組織和質地比較紮實、有嚼勁，多運用在水煮類的麵食，例如：麵條、水餃、麵疙瘩等。

(29) 玉米豬肉水餃

分量 | 5 人份

麵團勾

攪碎器

材料

P64 薑黃水餃餛飩皮……適量
豬後腿肉……500g
薑末……10g
蔥花……25g
罐頭玉米粒……200g

調味料

鹽……5g
細砂糖……5g
醬油……1 小匙
米酒……2 小匙
白胡椒粉……1 小匙
香油……1 大匙

作法

1. 【內餡】豬後腿肉以攪碎器（粗磨板）攪碎；將豬絞肉＋鹽，放入攪拌缸，用麵團勾以中速攪拌約 20 秒，至豬絞肉有黏性，加入薑末、蔥花及其餘調味料，以慢速攪拌約 1 分鐘，取出，拌入玉米粒，完成玉米豬肉餡。

2. 取水餃皮，每張包入 15g 內餡，壓合成水餃狀。

3. 備滾水鍋，放入豬肉玉米水餃，以小火小火煮約 4 分鐘，至水餃皮鼓起，撈出盛盤即可。

30 紅油抄手餛飩

分量 | 5 人份

材料

麵團勾

攪碎器

P64 原味水餃餛飩皮……適量
豬後腿肉……500g
薑末……10g
蔥花……25g

調味料

A
鹽……5g
細砂糖……5g
醬油……1 小匙
米酒……2 小匙
白胡椒粉……1 小匙
香油……1 大匙

B 紅油醬汁
辣油……4 大匙
醬油……4 小匙
蠔油……2 小匙
白醋……2 小匙
細砂糖……1 大匙
花椒粉……少許
飲用水……1 又 1/2 大匙

作法

1. 【內餡】豬後腿肉以攪碎器（粗磨板）攪碎；將豬絞肉＋鹽，放入攪拌缸，用麵團勾以中速攪拌約 20 秒，至豬絞肉有黏性，加入薑末、蔥花及其餘調味料 A，以慢速攪拌約 1 分鐘，完成內餡。

2. 取方形餛飩皮，每張包入 15g 內餡，對折成三角形，再把左右尖角壓合成餛飩狀。

3. 備滾水鍋，放入餛飩，以小火小火煮約 3 分鐘，撈出盛盤，淋入拌勻的調味料 B，撒上蔥花（分量外）即可。

中式水調麵 · 溫水麵團

65℃溫度的熱水可以讓麵粉糊化，破壞麵粉的筋性，麵團柔軟又有韌性，便於塑形、包餡，適合製作蒸、煎、烙的中式麵點，例如：鍋貼、煎餃、蔥油餅、韭菜盒、餡餅等。

麵團勾

 分量｜800g

材 料

中筋麵粉……500g
鹽……5g
65℃溫水……300g

作 法

1. 中筋麵粉＋鹽，放入攪拌缸，沖入 65℃溫水。

2. 用麵團勾以慢速攪拌至材料混勻，改中速拌打至麵團質地光滑，取出。

3. 蓋上保鮮膜，醒麵約 30 分鐘，分割成所需大小即可。

 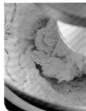 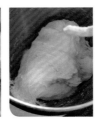  

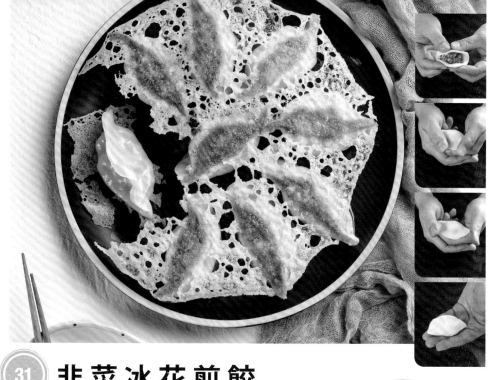

(31) 韭菜冰花煎餃

分量｜4 人份

麵團勾

攪碎器

材料

P.68 溫水麵團……400g
豬後腿肉……500g
薑末……10g
蔥花……20g
韭菜丁……150g

調味料

A

鹽……5g
細砂糖……5g
醬油……1 小匙
米酒……2 小匙
白胡椒粉……1 小匙
香油……1 大匙

B 紅油醬汁

玉米粉……1 大匙
水……10 大匙

作法

1. 將溫水麵團放入壓麵器（刻度 1），反覆對折壓 3 ～ 4 次，至表面光滑，調整至（刻度 4）壓薄成長方形片狀，用圓形模具壓出圓片，備用。

2. 【內餡】豬後腿肉以攪碎器（粗磨板）攪碎；將豬絞肉＋鹽，放入攪拌缸，用麵團勾以中速攪拌約 20 秒，至豬絞肉有黏性，加入薑末、蔥花及其餘調味料 A，以慢速攪拌約 1 分鐘，取出，拌入韭菜丁，完成韭菜豬肉餡。

3. 取煎餃皮，每張包入 20g 內餡，壓合成水餃狀。

4. 熱平底鍋，倒入 1 大匙沙拉油，排入水餃，倒入拌勻的調味料 B 粉水，蓋上鍋蓋，煮至水滾，以中小火煎約 10 分鐘，至水分收乾、底部金黃酥脆即可。

32 泡菜豬肉鍋貼

分量｜4 人份

材料

麵團勾

攪碎器

P.68 溫水麵團……600g
豬後腿肉……600 g
薑末……10g
蔥花……30g
韓式泡菜……400g

調味料

A

韓式辣椒醬……1 大匙
鹽……1 小匙
細砂糖……2 小匙
米酒……1 大匙
香油……1 大匙

B

低筋麵粉……1 大匙
水……10 大匙

作法

1. 將溫水麵團放入壓麵器（刻度 1），反覆對折壓 3 ～ 4 次，至表面光滑，調整至（刻度 4）壓薄成長方形片狀，用圓形模具壓出圓片，備用。

2. 【內餡】韓式泡菜切碎，擠出泡菜汁，留 50g 泡菜汁；豬後腿肉以攪碎器（粗磨板），攪碎。豬絞肉＋鹽，放入攪拌缸，用麵團勾以中速攪拌約 20 秒，至豬絞肉有黏性，加入薑末、蔥花、50g 泡菜汁及其餘調味料 **A**，以慢速攪拌約 1 分鐘，取出，拌入韓式泡菜碎，完成內餡。

3. 取鍋貼皮，稍微拉長，每張包入 20g 內餡，壓合成長條鍋貼狀。

4. 熱平底鍋，倒入 1 大匙沙拉油，排入鍋貼，倒入拌勻的調味料 **B** 粉水，蓋上鍋蓋，煮至水滾，以中小火煎約 10 分鐘，至水分收乾、底部金黃酥脆即可。

輕食 | Light Food

33 韭菜盒子

分量 | 10 個

麵團勾

材料

P.68 溫水麵團……400g
韭菜丁……200g
冬粉……1 捆
豆乾丁……100g
蝦皮……5g
蔥花……20g

調味料

鹽……1/2 小匙
白胡椒粉……1 小匙
香油……1 大匙

作法

1. 冬粉泡水至漲發,切小段;熱鍋,倒入 1 大匙沙拉油,以小火炒香豆乾丁、蝦皮及蔥花,取出放涼,備用。

2. 將作法 1 所有材料放入調理盆,加入韭菜丁和所有調味料,拌勻成內餡。

3. 將溫水麵團搓長條,分成 40g / 個,用桿麵棍擀成直徑約 15cm 的橢圓形麵皮,取約 30g 內餡放入麵皮 1/2 處,再將另一邊麵皮蓋上,壓成半圓型。

4. 熱平底鍋,倒入 1 大匙沙拉油,放入韭菜盒子,蓋上鍋蓋,以小火將兩面煎至金黃即可。

34 蔥油餅

 分量 | 4 片

麵團勾

材料

P.68 溫水麵團……600g
蔥花……40g

調味料

沙拉油……適量
鹽……適量

作法

1. 溫水麵團分成 150g／個，擀成厚約 0.2cm 的圓扁狀，表面塗上沙拉油，撒上鹽和蔥花，捲起成長條狀，盤起成圓形。

2. 將蔥油餅靜置、醒 20 分鐘，壓扁，擀開成圓餅狀，備用。

3. 熱平底鍋，倒入 1 大匙沙拉油，放入蔥油餅，以小火將兩面煎至金黃酥脆即可。

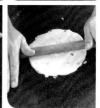

TIPS

想讓蔥油餅美味升級！？可以在平底鍋倒入蛋液，放入蔥油餅煎熟，塗抹醬油或甜辣醬，夾入小黃瓜絲食用，口感更豐富，也能增添飽足感。

35 香蔥豬肉餡餅

分量｜20 個

麵團勾

攪碎器

材料

P.68 溫水麵團……800g
豬後腿肉……600g
薑末……15g
蔥花……150g

調味料

鹽……1 小匙
細砂糖……1 大匙
醬油……1 大匙
米酒……1 大匙
白胡椒粉……1 小匙
香油……1 大匙

作法

1. 【內餡】豬後腿肉以攪碎器（粗磨板）攪碎；將豬絞肉＋鹽，放入攪拌缸，用麵團勾以中速攪拌約 20 秒，至豬絞肉有黏性，加入薑末和其餘調味料，以慢速攪拌約 1 分鐘，取出，拌入蔥花，完成香蔥豬肉餡。

2. 溫水麵團搓成長條，切成 40g／個的麵球，用桿麵棍擀成直徑約 9～10cm 的圓形麵皮，包入約 40g 的內餡，打折收口，略壓成餅狀。

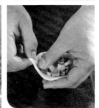

3. 熱平底鍋，倒入 1 大匙沙拉油，放入餡餅，以小火將兩面煎至金黃酥香即可。

TIPS

餡料類的蔬菜要在豬絞肉先打出黏性之後再加入，除了不影響肉餡打出彈性，也避免蔬菜太早加入會出水，降低了蔬菜的清甜或脆口度。

TIPS 包入的食材可以變換自己喜歡的口味，例如：叉燒捲餅、香腸捲餅、烤鴨捲餅等等。

(36) 牛肉捲餅

分量 | 5 個

麵團勾

材料

P.68 溫水麵團……500g
蔥花……25g
滷牛腱……250g
青蔥……10 根
甜麵醬……5 大匙

作法

1 滷牛腱切薄片；青蔥洗淨、切段，備用。

2 溫水麵團搓成長條，切成 100g／個的麵球，拍扁，包入 5g 的蔥花，收口、拍扁，成厚約 0.2cm 的圓餅狀，。

3 熱平底鍋，倒入 1 大匙沙拉油，放入蔥油餅，以小火將兩面煎至金黃酥脆，起鍋。

4 餅皮抹上適量甜麵醬，鋪入適量滷牛腱薄片、蔥段，捲起切段即可。

PART

3

端出來就有面子的
美味功夫菜

自製安心火鍋料

|基礎火鍋雞高湯|

材料/

雞骨	2 副
洋蔥	1 顆
西洋芹	1 支
紅蘿蔔	1 條

作法/

① 雞骨汆燙洗淨；洋蔥、西洋芹、紅蘿蔔洗淨切塊，備用。
② 所有材料放入鍋中，煮滾後，改微火續煮 1 小時，過
　 濾後完成基礎火鍋雞高湯。

香菇丸

川丸子

蔬菜福袋

塔香雞肉丸

手工蛋餃

TIPS ◆ 將材料中的香菇末換成芋頭丁或芹菜末，就能變成芋頭丸子或芹菜丸囉！

③⑦ 香菇丸

分量 | 40 顆

平攪拌槳

攪碎器

材料

豬後腿肉……800g
豬背油……200g
泡發香菇丁……100g

調味料

鹽……2 小匙
細砂糖……2 大匙
冰塊水……150g
太白粉……4 大匙

作法

1. 豬後腿肉、豬背油各別用攪碎器（精磨板）攪成泥，備用。

2. 豬肉泥＋鹽，放入攪拌缸，用平攪拌槳以中速攪拌至豬肉有黏性，加入其餘，拌勻，再加入豬背油泥、泡發香菇丁，攪拌至混合均勻，取出，放入冰箱冷藏 2 小時，備用。

3. 煮一鍋水，水溫控制在約 80℃，不可滾沸；取出香菇肉漿，用手擠成丸狀，舀入鍋中浸泡約 8 分鐘，至香菇丸浮起、熟成，撈出即可。

38 川丸子

 分量 | 20 顆

材料

豬後腿肉……600g
蔥花……20g
薑末……10g

平攪拌槳

攪碎器

調味料

蛋白……1 顆
鹽……1 小匙
細砂糖……2 小匙
白胡椒粉……1/2 小匙
米酒……1 大匙
太白粉……2 大匙

作 法

1. 豬後腿肉以攪碎器（精磨板）攪成泥；豬肉泥＋蛋白＋鹽，放入攪拌缸，用平攪拌槳以中速攪拌至豬肉有黏性，加入蔥花、薑末及其餘調味料，攪拌至混合均勻，備用。

2. 熱油鍋，至油溫約 160℃，將打好的肉漿用手擠成丸狀，舀入油鍋中，以中火炸約 3 分鐘至熟，撈出瀝油即可。

39 蔬菜福袋

分量 | 12 個

材料

油豆腐皮……12 片
竹筍……150g
去皮紅蘿蔔……100g
黑木耳絲……100g
乾瓠瓜條……適量

多功能切菜器

調味料

鹽……1/2 小匙
細砂糖……1/2 小匙
白胡椒粉……1/2 小匙
香油……1 大匙

作法

1　油豆腐皮切開成袋型；竹筍、紅蘿蔔以切絲切片器（細絲刀片筒）刨絲；乾瓠瓜條泡水軟化，備用。

2　竹筍絲＋紅蘿蔔絲＋黑木耳絲＋所有調味料，拌勻，填入油豆腐皮中，包成袋狀，用瓠瓜條綁緊即可。

40 塔香雞肉丸

分量 | 20 顆

材料

雞胸肉……500g
豬背油……100g
九層塔末……100g
薑末……10g

平攪拌槳

攪碎器

調味料

蛋白……1 顆
鹽……1 小匙
細砂糖……2 小匙
白胡椒粉……1/2 小匙
米酒……1 大匙
太白粉……2 大匙

作法

 1
雞胸肉、豬背油各別以攪碎器（精磨板）攪成泥，備用。

 2
雞肉泥＋蛋白＋鹽，放入攪拌缸，用平攪拌槳以中速攪拌至雞肉有黏性，加入其餘調味料，拌勻，再加入豬背油泥、九層塔末及薑末，攪拌至混合均勻，取出，放入冰箱冷藏2小時，備用。

 3
煮一鍋水，水溫控制在約 80℃，不可滾沸；取出塔香雞肉漿，用手擠成丸狀，舀入鍋中浸泡約 5 分鐘，至塔香雞肉丸浮起、熟成，撈出即可。

41 手工蛋餃

分量｜40 個

平攪拌槳

攪碎器

材料

A 蛋皮	B 肉餡	調味料
雞蛋……12 顆	豬後腿肉……300g	蛋白……1/2 顆
太白粉水……2 大匙	蔥花……10g	鹽……1 小匙
鹽……1 小匙	薑末……5g	細砂糖……1 小匙
水……3 大匙		白胡椒粉……1/2 小匙
		米酒……1/2 大匙
		太白粉……1 大匙

作法

1. 【肉餡】豬後腿肉以攪碎器（精磨板）攪成泥；豬肉泥＋蛋白＋鹽，放入攪拌缸，用平攪拌槳以中速攪拌至豬肉有黏性，加入蔥花、薑末及其餘調味料，攪拌至混合均勻，備用。

2. 【蛋皮】所有材料 A 打勻：以小火熱鍋，鍋底抹少許沙拉油，舀入 2 大匙蛋液，搖晃鍋子攤成圓形，擺上少許肉餡，將蛋皮對折包成餃子型，讓蛋皮凝固黏住開口處，起鍋即可。

04 牛蒡天婦羅

分量｜8 片

材料

平攪拌槳

切絲切片器

攪碎器

旗魚肉……500g
豬背油……100g
去皮牛蒡……200g

調味料

鹽……1 小匙
細砂糖……2 大匙
冰塊水……100g
太白粉……3 大匙
中筋麵粉……2 大匙
香油……2 大匙

作法

1. 旗魚肉、豬背油各自以攪碎器（精磨板）攪成泥；牛蒡以切絲切片器（粗絲刀片筒）刨絲，備用。

2. 旗魚肉泥＋鹽，放入攪拌缸，用平攪拌槳以中速檔攪拌至有黏性，加入細砂糖、冰塊水，攪拌至冰塊融化、魚漿吸收水分。

3. 加入豬背油泥、牛蒡絲、太白粉、中筋麵粉及香油，以低速攪拌均勻，取出，放入冰箱冷藏 2 小時，備用。

4. 熱油鍋，至油溫約 140℃，取 100g 牛蒡魚漿，用手掌壓平成厚度約 1cm 的圓扁狀，放入油鍋，以中火炸約 2 分鐘至熟，撈出瀝油即可。

43 月亮蝦餅

🥣 分量 | 3 片

攪碎器

麵團勾

材料

A

蝦仁……500g
豬背油……100g
蔥花……20g
薑末……10g
春捲皮……6 張

調味料

鹽……1/2 小匙
細砂糖……1 小匙
白胡椒粉……1/2 小匙
太白粉……1 大匙
香油……1 大匙

B 沾醬

市售泰式甜辣醬……適量

作法

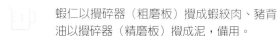

1. 蝦仁以攪碎器（粗磨板）攪成蝦絞肉、豬背油以攪碎器（精磨板）攪成泥，備用。

2. 蝦絞肉＋鹽，放入攪拌缸，用麵團勾以中速攪拌至蝦肉有黏性，加入豬背油泥、蔥花、薑末及其餘調味料，以低速拌勻，備用。

3. 春捲皮攤平，放上 200g 內餡抹平，覆蓋另一片春捲皮，壓緊邊緣，用竹籤在表面戳洞，避免油炸時起泡。

4. 熱油鍋，至油溫約 160℃，放入蝦餅，以小火慢炸至兩面金黃酥脆，撈出瀝油，切片盛盤，食用前佐泰式甜辣醬即可。

44 白菜獅子頭

 分量｜4 人份

攪碎器

麵團勾

材料

A

豬後腿肉⋯⋯600g
荸薺⋯⋯100g
薑⋯⋯15g
蔥花⋯⋯20g
雞蛋⋯⋯1 顆

B

大白菜⋯⋯400g
蔥⋯⋯2 根
薑⋯⋯15g

調味料

A

鹽⋯⋯6g
細砂糖⋯⋯10g
醬油⋯⋯15g
米酒⋯⋯15g
白胡椒粉⋯⋯1 小匙
香油⋯⋯1 大匙

B

水⋯⋯1000g
醬油⋯⋯160g
細砂糖⋯⋯1 大匙

作法

1. 豬後腿肉以攪碎器（粗磨板）攪成豬絞肉；荸薺＋薑，一起用攪碎器（粗磨板）攪碎；大白菜切塊，備用。

2. 豬絞肉＋鹽，放入攪拌缸，用麵團勾以中速攪拌至豬肉有黏性，加入雞蛋、細砂糖、醬油、米酒、白胡椒粉，以慢速拌勻，再加入荸薺碎、薑碎、蔥花、香油，再攪拌約 10 秒至混合均勻，將肉餡均分成 6 等分，用手掌來回拍成球形，完成獅子頭。

3. 熱油鍋，至油溫約 160℃，放入獅子頭，以中火炸至表面金黃上色，撈出；取一燉鍋，將材料 B 蔥、薑用刀背拍破，放入燉鍋墊底，再放入炸過的獅子頭和調味料 B。

4. 以大火煮滾，改小火煮 30 分鐘，加入大白菜塊，再煮約 15 分鐘，至大白菜軟爛即可。

45 珍珠丸子

分量 | 10 顆

攪碎器

麵團勾

材料

豬後腿肉……500g
薑末……15g
蔥花……20g
糯米……200g

調味料

鹽……1/2 小匙
細砂糖……2 小匙
醬油……1 大匙
白胡椒粉……1/2 小匙
太白粉……1 大匙
香油……1 小匙

作法

1. 豬後腿肉以攪碎器（粗磨板）攪成豬絞肉；糯米洗淨，用水浸泡 4 小時後瀝乾，備用。

2. 豬絞肉＋鹽，放入攪拌缸，用麵團勾以中速攪拌至豬肉有黏性，加入薑末、蔥花及其餘調味料，以慢速拌勻，完成肉餡。

3. 將肉餡分成 25g／個，整形成圓球狀，表面沾滿作法 1 糯米，排入蒸盤。

4. 電鍋外鍋倒入 1 杯水，放入蒸盤，按下開關，蒸至開關跳起即可。

46 蘇格蘭炸蛋

分量 | 4 顆

攪碎器

麵團勾

材料

水煮蛋……4 顆
豬後腿肉……600g
洋蔥……60g
麵粉……適量
蛋液……適量
麵包粉……適量

調味料

鹽……1 小匙
細砂糖……2 小匙
黑胡椒粒……1/4 小匙
太白粉……2 小匙

作法

1. 豬後腿肉以攪碎器（精磨板）攪成泥；洋蔥以攪碎器（粗磨板）攪碎，備用。

2. 泥豬肉泥＋鹽，放入攪拌缸，用麵團勾以中速攪拌至豬肉有黏性，加入洋蔥碎和其餘調味料，攪拌至混合均勻，完成肉餡。

3. 水煮蛋表面沾上一層麵粉，取約 150g 肉餡包覆水煮蛋，整形成蛋型，依序均勻沾上麵粉→蛋液→麵包粉。

4. 熱油鍋，至油溫約 140℃，放入蘇格蘭炸蛋，以小火炸約 8 分鐘至熟，撈出瀝油即可。

功夫菜 Special

47 香菇鑲肉

分量｜10 個

材料

豬後腿肉……500g
薑末……10g
蔥花……20g
鮮香菇……10 朵

 攪碎器

 麵團勾

調味料

鹽……1/2 小匙
細砂糖……1 小匙
醬油……1 大匙
米酒……1 小匙
白胡椒粉……1/2 小匙
太白粉……1 大匙
香油……1 大匙

作法

1. 豬後腿肉以攪碎器（精磨板）攪成泥；豬肉泥＋鹽，放入攪拌缸，用麵團勾以中速攪拌至豬肉有黏性，加入蔥花、薑末及其餘調味料，攪拌至混合均勻成肉餡，備用。

2. 鮮香菇去蒂頭，沖洗後瀝乾水分，在香菇傘內抹一層太白粉增加黏性，填入約 50g 肉餡、將表面抹平，盛盤。

3. 電鍋外鍋倒入 1/2 杯水，放入香菇鑲肉蒸盤，按下開關，蒸至開關跳起即可。

TIPS
除了鑲香菇之外，也能鑲苦瓜或者大黃瓜。只要把苦瓜或去皮大黃瓜切段，挖空中心的籽，抹上太白粉後鑲入肉餡，就是苦瓜封或大黃瓜鑲肉了～

48 香辣紅蘿蔔絲

切絲切片器

材料

| 去皮紅蘿蔔……600g
| 鹽……1 小匙

調味料

| 白醋……3 大匙
| 細砂糖……3 大匙
| 辣椒油……2 大匙
| 鹽……1/2 大匙

作法

1. 紅蘿蔔以切絲切片器（粗絲刀片筒）刨絲，加入 1 小匙鹽抓勻，靜置 1 小時脫水，再用飲用水沖洗一次，去除鹽分後擠乾水分。

2. 將作法1 紅蘿蔔絲放入保鮮盒內，加入所有調味料，拌勻，放進冰箱冷藏醃漬 1 小時即可。

49 味噌漬白蘿蔔片

切絲切片器

材料

| 去皮白蘿蔔……600g
| 鹽……1 小匙

調味料

| 味噌……50g
| 醬油……2 大匙
| 味醂……4 大匙

作法

1. 白蘿蔔以切絲切片器（厚片刀片筒）刨片，加入 1 小匙鹽抓勻，靜置 1 小時脫水，再用飲用水沖洗一次，去除鹽分後擠乾水分。

2. 將作法1 白蘿蔔片放入保鮮盒內，加入所有調味料，拌勻，放進冰箱冷藏醃漬 1 小時即可。

50 蜜漬百香青木瓜

材料

| 去皮青木瓜……800g
| 鹽……1 小匙

切絲切片器

調味料

| 新鮮百香果果肉……150g
| 百香果醬……60g
| 檸檬汁……2 大匙
| 細砂糖……60g

作法

1 青木瓜以切絲切片器（厚片刀片筒）刨片，加入 1 小匙鹽抓勻，靜置 1 小時脫水，再用飲用水沖洗一次，去除鹽分後擠乾水分。

2 將作法 1 青木瓜片放入保鮮盒內，加入所有調味料，拌勻，放進冰箱冷藏醃漬 3 小時即可。

51 涼拌糖醋小黃瓜

材料

| 小黃瓜……600g

調味料

切絲切片器

| 鹽……1 小匙
| 白醋……50g
| 細砂糖……80g

作法

1 小黃瓜以切絲切片器（厚片刀片筒）刨片，加入 1 大匙鹽抓勻，靜置 20 分鐘，擠乾水分。

2 將作法 1 小黃瓜片放入保鮮盒內，加入白醋和細砂糖，拌勻，醃漬 20 分鐘即可。

TIPS　因為沒有添加硝酸鹽，為了避免大腸桿菌增生，風乾 2 ～ 4 小時後就要迅速冷凍。食用前退冰蒸熟再用油煎香即可。

52 五香高粱香腸

 分量｜6 條

攪碎器

麵團勾

製香腸器

材 料

豬後腿肉⋯⋯1000g
鹽漬腸衣⋯⋯適量

醃漬料

鹽⋯⋯1 又 1/2 小匙
醬油⋯⋯4 大匙
細砂糖⋯⋯3 大匙
香蒜粉⋯⋯2 大匙
五香粉⋯⋯1 小匙
肉桂粉⋯⋯1 小匙
高粱酒⋯⋯150g

作 法

1　鹽漬腸衣用水浸泡 2 小時，瀝乾水分，備用。

2　豬後腿肉以攪碎器（粗磨板）攪碎，放入攪拌缸中，裝上麵團勾，加入所有⋯⋯
　後開中速檔攪拌約 3 分鐘至有黏性。關機取出餡料，放入冷藏醃漬 4 小時備用。

3　裝上製香腸器，裝上腸衣，腸衣尾部處打結。開中速放入醃好的餡料灌成香腸。

4　用牙籤將灌好的香腸表面刺孔排出空氣讓香腸紮實，隔約 8cm 擠成小段，晾掛後開
　電扇風乾 2 ～ 4 小時，收起放冰箱冷凍保存即可。

⑤③ 麻 辣 香 腸

分量｜6 條

攪碎器　　製香腸器

麵團勾

材 料

豬後腿肉……1000g
鹽漬腸衣……適量

調 味 料

鹽……1 小匙
辣椒醬……3 大匙
細砂糖……3 大匙
辣椒粉……2 小匙
花椒粉……1 小匙
香蒜粉……1 大匙
高粱酒……100g

作 法

1　鹽漬腸衣用水泡 2 小時後瀝乾水分備用。

2　豬後腿肉以攪碎器（粗磨板）攪碎，放入攪拌缸中，裝上麵團勾，加入所有調味料後開中速檔攪拌約 3 分鐘至有黏性。關機取出餡料，放入冷藏醃漬 4 小時備用。

3　裝上製香腸器，裝上腸衣，腸衣尾部處打結，開中速放入醃好的餡料灌成香腸。

4　用牙籤將灌好的香腸表面刺孔排出空氣讓香腸紮實，隔約 8cm 擠成小段，晾掛後開電扇風乾 2 ～ 4 小時，收起放冰箱冷凍保存即可。
　　❖ 食用前取出退冰，蒸熟再用油煎香即可。

54 古早味炸雞捲

分量｜3 條

攪碎器

切絲切片器

麵團勾

材料

豬後腿肉……200g
荸薺……100g
洋蔥丁……100g
紅蘿蔔……50g
雞蛋……1 顆
乾燥腐皮……3 張

調味料

鹽……1/4 小匙
醬油……1 大匙
細砂糖……1 大匙
五香粉……1/4 小匙
白胡椒粉……1/4 小匙
太白粉……3 大匙
香油……1 大匙

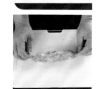

作法

1. 豬後腿肉和荸薺分別以攪碎器（粗磨板）攪碎；紅蘿蔔以切絲切片器（細絲刀片筒）刨絲，備用。

2. 豬絞肉＋鹽，放入攪拌缸，用麵團勾以中速攪拌至豬肉有黏性，加入洋蔥碎丁、荸薺碎、紅蘿蔔絲、雞蛋及其餘調味料，攪拌至混合均勻，完成肉餡，備用。

3. 乾燥腐皮裁剪成長方形，鋪平。放上約 150g 內餡，捲起呈圓筒狀，收口處用麵糊黏緊。

4. 熱油鍋，至油溫約 120℃，放入雞捲，以小火炸約 8 分鐘至熟，撈出瀝油即可。

⑤⑤ 芋圓　 ⑤⑥ 地瓜圓

分量｜ **4 人份**

平攪拌槳

材料

A 芋頭圓
| 去皮芋頭……600g
| 樹薯粉（台灣太白粉）……140g
| 日本太白粉（馬鈴薯澱粉）……100g
| 細砂糖……60g

B 地瓜圓
| 去皮地瓜……300g
| 樹薯粉（台灣太白粉）……120g
| 日本太白粉（馬鈴薯澱粉）……50g
| 細砂糖……40g

作法

1　去皮芋頭（地瓜）切大塊，放入電鍋中，外鍋加 2 杯水，蒸約 30 分鐘至熟透。

2　趁熱將蒸熟的芋頭（地瓜）放入攪拌缸，加入其餘材料，用平攪拌槳以中速攪拌至成團，取出，搓成長條狀，撒上適量日本太白粉防止沾黏，再分切成約 1cm 寬的小塊，完成芋頭圓（地瓜圓）。

3　備滾水鍋，放入芋頭圓（地瓜圓），以中火煮至浮起且略脹大，撈出盛碗，可搭配黑糖水或喜愛的配料，做成甜湯或刨冰甜點食用即可。

|黑糖糖水|

材料/
黑糖	200g
二砂糖	100g
水	800g

作法/
① 備湯鍋，將水煮滾，放入黑糖、二砂糖，轉小火煮至 10 分鐘即可。

⑤⑦ 雙色麻糬

材料

麵團勾

A
糯米粉……3 杯
水……2 杯半
細砂糖……半杯
沙拉油……2 大匙

B
花生糖粉……適量
海苔粉……適量

作法

1. 糯米粉＋水＋細砂糖，放入電鍋內鍋，拌勻成糊狀，放入電鍋、外鍋倒 1 杯水，蓋上鍋蓋，按下開關，蒸至開關跳起。

2. 攪拌缸刷上沙拉油，倒入蒸好的作法 1，用麵團勾以中速攪打至麻糬團表面光滑均勻且有彈性。

3. 放涼後分割成小塊，沾裹花生糖粉或海苔粉即可

PART
4

姊妹「饕」專屬
五星級下午茶

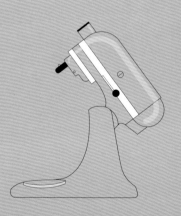

58 巧克力杏仁餅乾

分量｜**30 個**

平攪拌槳

材 料

無鹽發酵奶油……160g
細砂糖……90g
低筋麵粉……225g
可可粉……36g
杏仁粉……60g
無鋁泡打粉……1g
烤熟杏仁片……60g

作 法

1. 無鹽發酵奶油＋細砂糖，放入攪拌缸，以平攪拌槳打發至奶油顏色變淡，加入混合過篩的低筋麵粉＋可可粉＋杏仁粉＋無鋁泡打粉，拌勻，再加入杏仁片，拌勻。

2. 取出餅乾麵團，整型成直徑 1.5cm 的圓柱狀，以烤焙紙捲起，放進冰箱冷凍至冰硬。

3. 取出，切成厚度 2cm 的圓片，排入烤盤，以上火 180℃／下火 160 烤 20～25 分鐘，出爐即可。
   ❖ 常溫保存 30 天。

59 草莓雪球

分量 | 50 顆

平攪拌槳

材料

A 餅乾體

無鹽發酵奶油……160g
三溫糖……35g
海鹽……1.5g
低筋麵粉……100g
高筋麵粉……100g
杏仁粉……75g
奶粉……10g

B 防潮莓果粉

防潮糖粉……50g
草莓粉……10g

作法

1 【餅乾體】無鹽發酵奶油＋三溫糖＋海鹽，放入攪拌缸，以平攪拌槳拌匀，加入混合過篩的低筋麵粉＋高筋麵粉＋杏仁粉＋奶粉，拌匀。

2 取出整形，擀平成厚度約 1.5cm 的厚片狀，放進冰箱冷藏至硬後取出，切成 1.5cm×2cm 的塊狀，排入烤盤，以上火 170℃ / 下火 170 烤 15 ～ 18 分鐘，出爐，冷卻備用。

3 表面沾裹拌匀的材料 B 防潮草莓粉即可。
※ 常溫保存 30 天。

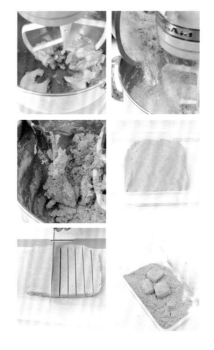

TIPS 材料 B 防潮草莓粉中的草莓粉可以用巧克力粉或抹茶粉取代，就能變成巧克力雪球或抹茶雪球風味。

60 白巧克力鳳梨夾心

分量 | 30 組

平攪拌槳

材料

A 餅乾體

| 無鹽發酵奶油……135g |
| 上白糖……90g |
| 全蛋……25g |
| 高筋麵粉……220g |

B 內餡

| 白巧克力……適量 |
| 土鳳梨餡……適量 |

作法

1. 【餅乾體】無鹽發酵奶油＋上白糖，放入攪拌缸，以平攪拌槳拌勻，加入高筋麵粉和全蛋，拌勻。

2. 放入塑膠袋擀平成厚度約 0.3cm 的片狀，放進冰箱冷凍至硬，取出，切成 6cm×2.8cm 的片狀，排入烤盤，以上火 180℃ / 下火 170 烤 10 ～ 12 分鐘，出爐，冷卻備用。

3. 【組合】白巧克力隔水加熱至融化，刷在餅乾底部，抹上適量土鳳梨餡，蓋上另一片餅乾即可。

   ∵ 常溫保存 30 天。

| 自製土鳳梨餡 |

材料 /

去皮土鳳梨	1200g
二砂糖	200g
麥芽糖	200g
無鹽奶油	15g

作法 /

① 土鳳梨以切絲切片器（粗絲刀片筒）切絲，盡可能擠出水分以縮短煮餡時間（擠出的鳳梨汁可飲用）。

② 土鳳梨絲放入鍋中，將水分炒乾，加入二砂糖和麥芽糖翻炒均勻，用鍋鏟下壓餡料至無水分冒泡的狀態，加入無鹽奶油。

③ 翻炒均勻至無水分、且內餡不黏手，起鍋，放涼即可。

61 蘭姆葡萄夾心

分量 | 30 組

平攪拌槳

打蛋器

材料

A 餅乾體

無鹽發酵奶油……135g
上白糖……90g
高筋麵粉……220g
全蛋……25g

B 蘭姆葡萄餡

日本蛋白粉……12g
飲用水……72g
無鹽發酵奶油……430g
白巧克力……145g
蘭姆酒漬葡萄乾……100g

作法

1 【餅乾體】無鹽發酵奶油＋上白糖，放入攪拌缸，以平攪拌槳拌勻，加入高筋麵粉和全蛋，拌勻。

2 放入塑膠袋擀平成厚度約 0.3cm 的片狀，放進冰箱冷凍至硬，取出，切成 6.5cm×3.5cm 的片狀，排入烤盤，以上火 180℃／下火 170 烤 10 ～ 12 分鐘，出爐，冷卻備用。

3 【蘭姆葡萄餡】日本蛋白粉＋飲用水，放入攪拌缸，以打蛋器打到膨發，加入無鹽發酵奶油和隔水加熱至融化的白巧克力，拌勻，使用前拌入蘭姆酒漬葡萄乾，拌勻。

4 【組合】將冷卻的餅乾體底部抹上適量蘭姆葡萄餡，蓋上另一片餅乾即可。
❖ 冷藏保存 7 天。

TIPS
蘭姆酒漬葡萄乾可在前一晚把葡萄乾加入適量蘭姆酒泡到軟化、入味，使用前先瀝乾多餘水分，夾入餅乾前再與奶油餡拌勻，保持果實形狀外，也可避免出水。

(62) 經典奶香曲奇

分量 | 40 顆

材料

無鹽奶油……150g
純糖粉……80g
全蛋……35g
蛋黃……10g
低筋麵粉……200g
吉士粉……15g

平攪拌槳

作法

1 無鹽奶油＋純糖粉，放入攪拌缸，以平攪拌槳打發至奶油顏色變淡，分次加入全蛋、蛋黃，拌勻，再加入混合過篩的低筋麵粉＋吉士粉，拌勻。

2 裝入 12 齒擠花嘴（SN7113）擠花袋，填入作法 1 拌勻的餅乾團，在烤盤上擠出曲奇造型，每顆約 10g。

3 放入烤箱，以上火 190℃／下火 170 烤 15 ～ 18 分鐘，出爐即可。
※ 常溫保存 30 天。

63 西瓜果凍

分量 | 約 550g

材 料

| 西瓜汁……500g |
| 果凍粉……30g |
| 細砂糖……10g |
| 蜂蜜……10g |

蔬果濾汁組

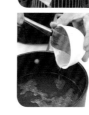

作 法

1. 西瓜剖半，挖出果肉，以蔬果濾汁組打成汁；西瓜盅留著當容器。

2. 將西果汁＋果凍粉＋細砂糖，煮滾拌勻，熄火，拌入蜂蜜。

3. 倒入西瓜盅，放進冰箱冷藏 1 小時，至液體凝固，取出切片即可。
   ※ 冷藏保存 3 天。

> **TIPS**
> 可以用黑巧克力製作小黑點或留幾顆西瓜籽裝飾果凍，效果更逼真。

64 抹茶達克瓦茲

分量｜12 組

打蛋器

材料

A 餅乾體

蛋白……130g
細砂糖……85g
塔塔粉……2g
低筋麵粉……10g
杏仁粉……110g
抹茶粉……6g
糖粉 a……70g
杏仁角……適量
糖粉 b……適量

B 抹茶奶油餡

無鹽發酵奶油……150g
果糖……30g
抹茶粉……3g
鹽……2g
蜜紅豆……適量

作法

1. 【餅乾體】蛋白＋細砂糖＋塔塔粉，放入攪拌缸，用打蛋器（速度6）打到硬性發泡，加入混合過篩的低筋麵粉＋杏仁粉＋抹茶粉＋糖粉 a，用橡皮刮刀輕輕拌合，裝入擠花袋，備用。

2. 將達克瓦茲模放在烤盤上，擠入麵糊後用刮刀抹平，拉起模型，撒上杏仁角、糖粉 b（撒 2 次糖粉），以上火 175℃／下火 175 烤 15 ～ 20 分鐘，出爐，冷卻備用。

3. 【抹茶奶油餡】無鹽發酵奶油以打蛋器打軟，加入果糖、抹茶粉、鹽，混合拌勻，裝入平口花嘴擠花袋。

4. 【組合】在餅乾底部擠入抹茶奶油餡，撒上少許蜜紅豆，蓋上另一片餅乾即可。
   ※ 常溫保存 3 天。

TIPS 在麵糊撒二次糖粉，可以讓達克瓦茲表面有薄脆的口感。

TIPS 烤好的馬卡龍等到冷卻再從烤盤取下，否則尚有溫度的馬卡龍容易破裂。

65 Q 旺馬卡龍

分量｜ 30 顆

打蛋器

材料

A 義式馬卡龍

義式蛋白霜

蛋白……70g
塔塔粉……2g
細砂糖……190g
水……50g

麵糊

馬卡龍專用杏仁粉……180g
純糖粉……180g
蛋白……70g
食用色素……適量

B 奶油乳酪餡

無鹽發酵奶油……170g
奶油乳酪……45g
煉乳……15g

C 表面裝飾

黑巧克力……適量
白巧克力……適量
草莓巧克力……適量

作法

1. 【義式蛋白霜】細砂糖＋水，煮到 118℃，煮得時候千萬不要翻攪。

2. 蛋白＋塔塔粉，放入攪拌缸，用打蛋器中速打到起粗泡泡後，轉到快速，沖入作法 1 糖漿，打到蛋白光滑、拉起呈勾狀，降溫到 40 ～ 50℃，備用。

3. 【麵糊】將馬卡龍專用杏仁粉＋純糖粉＋蛋白，拌勻，分成 2 份，其中 1 份加入少許食用色素，調勻，再分別加入 1/2 義式蛋白霜，拌到麵糊呈現光滑狀，各自裝入擠花袋，再一起套入同一個擠花袋中。

4. 【造型馬卡龍】在烤盤上擠出圓型，邊緣再擠出擠小三角的耳朵造型，靜置風乾 20 ～ 30 分鐘，直到表面乾燥不黏手。

5. 放入預熱至上火 160℃ / 下火 160℃的烤箱，將溫度調降為上火 140℃ / 下火 140，烤 20 分鐘，出爐，冷卻後取下，以融化的巧克力畫出表情。

6. 【奶油乳酪餡】無鹽發酵奶油＋奶油乳酪，打軟拌勻，加入煉乳拌勻。

7. 【組合】將馬卡龍殼擠入奶油乳酪餡，以另一片馬卡龍夾起，即可。

※ 冷藏保存 5 天。

萬用千層酥皮

 分量 | 600g

平攪拌槳　壓麵器

材 料

A 麵 皮
高筋麵粉……100g
低筋麵粉……55g
海鹽……5g
冰水……90g
白醋……5g
無鹽奶油……20g

B 油 酥
有鹽奶油……240g
低筋麵粉……110g

作 法

1. 【麵皮】所有材料 A 放入攪拌缸，以平攪拌槳拌勻，均分成 4 等分，放入 4 兩袋中，**擀**平，冷藏 30 分鐘。

2. 【油酥】所有材料 B 放入攪拌缸，以平攪拌槳拌勻，均分成 4 等分，放入 4 兩袋中，**擀**成 4 兩袋的 1/2 大小，冷藏 30 分鐘。

3. 將麵皮包入油酥，捏合整型，放入壓麵機壓薄（刻度 1），刷除表面的麵粉→折成 4 折→冷藏鬆弛 20 分鐘→壓薄（刻度 1）→3 折→3 折→4 折（每折好一次都要冷藏鬆弛 20 分鐘）。

4. 將折好且冷藏鬆弛後的酥皮**擀**開至厚度 0.5cm，再依所需成品裁切、整形即可。

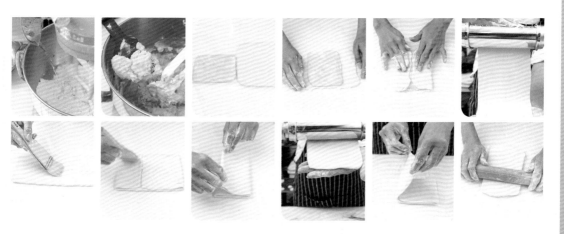

66 葡式蛋塔

 分量｜ **16** 個

平攪拌槳

壓麵器

材料

A

| P.120 萬用千層酥皮……**1** 份

B 蛋塔液

| 蛋黃……**120**g
| 細砂糖……**110**g
| 鮮奶……**185**g
| 動物性鮮奶油……**375**g
| 蘭姆酒……**10**g

作法

1 取出已擀成 0.5cm 的萬用千層酥皮，表面刷水，捲起，移進冰箱冷凍約 10 分鐘，取出切成 2cm 厚的圓片，放到塔模內壓扁、捏合，冷藏一晚，備用。

2 【蛋塔液】蛋黃＋細砂糖，打勻，沖入煮至滾沸的鮮奶＋動物性鮮奶油，攪拌均勻，以濾網過篩，調勻。

3 將蛋塔液倒入塔皮中，約 7 ～ 8 分滿，快速送入烤箱，以上火 210℃ / 下火 230℃烤20 ～ 25 分鐘，至蛋液呈金黃色且帶有焦糖表面、蛋塔皮深黃色且層次中間沒有透明油脂感覺即可。

※ 冷藏保存 3 天。

TIPS

千層酥皮捏入蛋塔模之後，經過冷藏鬆弛一晚，可以讓隔天烤出來的酥皮比較不會縮。

67 千層杏派

分量 | 16 片

材料

平攪拌槳

壓麵器

A

P.120 萬用千層酥皮……1 份

B

蛋白……30g
純糖粉……150g
烤熟杏仁粒……適量
細砂糖……適量

作法

1. 取出已擀成 0.5cm 的萬用千層酥皮，用刀壓出 9cm×4cm 的記號線，用叉子戳洞，移進冰箱冷凍約 10 分鐘。

2. 材料 B 蛋白＋純糖粉，調勻成糖霜；將冰硬的千層酥皮切片，表面抹上糖霜、撒上杏仁粒和細砂糖。

3. 以上火 190℃ / 下火 160℃烤 15 分鐘，調降溫度至上火 170℃ / 下火 160℃，再烤 10～15 分鐘，關火，燜到表面呈金黃色，層次間沒有透明油脂的感覺即可。
   ※ 冷藏保存 30 天。

68 蜜蘭諾鬆塔

分量｜ 16 片

平攪拌槳

壓麵器

材料

A

| P.120 萬用千層酥皮……**1** 份

B

| 白巧克力……適量
| 烤熟杏仁粒……適量

作法

1. 取出已擀成 0.5cm 的萬用千層酥皮，用刀壓出 9cm×4cm 的記號線，用叉子戳洞，移進冰箱冷凍約 10 分鐘，切片。

2. 以上火 190℃ / 下火 160℃烤 15 分鐘，調降溫度至上火 170℃ / 下火 160℃，再烤 10 ～ 15 分鐘，關火，燜到表面呈金黃色，層次間沒有透明油脂，出爐，放涼。

3. 白巧克力隔水加熱（或打微波），淋到冷卻的千層酥條上，再撒上烤熟杏仁粒即可。
   ※ 常溫保存 30 天。

鄉村起司派

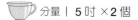 分量 | 5吋 ×2 個

平攪拌槳

壓麵器

攪碎器

材料

A 鹹派皮
無鹽發酵奶油（冰）……75g
低筋麵粉……125g
鹽……1g
粗黑胡椒粉……1g
蛋黃……10g
冰水……30g

B 內餡
洋蔥……100g
培根……50g
冷凍三色蔬菜……20g
奶油乳酪……75g
鮮奶……75g
全蛋……100g
動物性鮮奶油……75g
鹽……1g
粗黑胡椒粉……2g

C 表面裝飾
起司絲……10g
乾燥青蔥……適量

作法

1. 〔鹹派皮〕無鹽發酵奶油（切小塊）＋低筋麵粉＋鹽＋粗黑胡椒粉，放入攪拌缸，以平攪拌槳稍拌，倒入蛋黃和冰水，拌勻，放入塑膠袋，放進冰箱冷藏約 30 分鐘。

2. 〔內餡〕培根和洋蔥一起放入攪碎器（粗磨板）攪碎，放入鍋中炒香，以鹽和粗黑胡椒粉調味，放入冷凍三色蔬菜拌勻，起鍋冷卻，備用。

3. 奶油乳酪＋鮮奶，隔水加溫，拌到乳酪軟化，加入全蛋、動物性鮮奶油，拌勻，以濾網過篩，備用。

4. 〔組合〕取出作法 1 鹹派皮麵團，以壓麵機（刻度 1）壓平，放入派盤鋪平、捏合，撒入作法 2 內餡，再倒入作法 3 奶油乳酪，撒上起司絲和乾燥青蔥，以上火 180℃ / 下火 180℃烤 25 ～ 30 分鐘即可。
※ 建議當日食用。

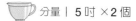

70 玫瑰蘋果派

🍵 分量 | 5吋 ×2 個

平攪拌槳

壓麵器

多功能切菜器

材料

A 甜派皮

無鹽奶油……75g
細砂糖……38g
全蛋……25g
低筋麵粉……125g
奶粉……20g

B 蘋果餡

無鹽奶油……15g
細砂糖……20g
蘋果丁……200g
肉桂粉……1g
檸檬汁……1 小匙

C 玫瑰蘋果

蘋果……3 顆
無鹽奶油……15g
細砂糖……15g
肉桂粉……1g
玫瑰花瓣……1g
中筋麵粉……5g

作法

1　【甜派皮】無鹽奶油＋細砂糖，放進攪拌缸，以打蛋器拌勻，加入全蛋拌勻，再加入混合過篩的低筋麵粉＋奶粉，以平攪拌槳拌成團，放入塑膠袋，移進冰箱冷藏 30 分鐘。

2　【蘋果餡】無鹽奶油＋細砂糖用平底鍋炒到茶色，加入蘋果丁、肉桂粉、檸檬汁，炒至濃稠，放涼備用。

3　【蘋果玫瑰】蘋果以多功能切菜器切片（大切片刀）；無鹽奶油＋細砂糖＋肉桂粉，用平底鍋炒至糖融，加入蘋果片和玫瑰花瓣，炒至蘋果軟化，加入中筋麵粉，拌炒到濃稠狀，濾除湯汁，放涼備用。

4　【組合】取出作法 1 甜派皮麵團，以壓麵機（刻度 1）壓平，放入派盤捏合，鋪入作法 2 蘋果餡；將作法 3 玫瑰蘋果片交疊，擺成一排後捲起成花朵狀（花朵大小與派接近），將玫瑰蘋果花鋪在派上攤開。

5　放進烤箱，以上火 160℃ / 下火 180℃烤 15 分鐘，烤盤調頭，再烤 8 ～ 10 分鐘，，至派底上色後出爐即可。

※ 建議當日食用。

71 草莓布朗尼派

 分量 | 5 吋 ×2 個

材料

平攪拌槳

壓麵器

打蛋器

A 甜派皮
無鹽奶油……75g
細砂糖……38g
全蛋……25g
低筋麵粉……125g
奶粉……20g

B 無粉布朗尼餡
無鹽奶油……30g
細砂糖……72g
全蛋……72g
可可粉……22

C 巧克力鮮奶油
動物性鮮奶油……125g
細砂糖……12g
卡士達醬－ P.30……30g
軟質巧克力醬……40g

D 裝飾
新鮮草莓……適量
巧克力屑……適量
防潮糖粉……少許

作法

1 【甜派皮】無鹽奶油＋細砂糖，放進攪拌缸，以打蛋器拌勻，加入全蛋拌勻，再加入混合過篩的低筋麵粉＋奶粉，以平攪拌槳拌成團，放入塑膠袋，移進冰箱冷藏 30 分鐘。

2 【無粉布朗尼餡】所有材料 B 拌勻，裝入擠花袋，備用。

3 【組合】取出作法 1 甜派皮麵團，以壓麵機（刻度 1）壓平，放入派盤鋪平、捏合，冷藏 10 分鐘鬆弛，擠入無粉布朗尼餡，輕輕敲平，以上火 160℃ / 下火 180℃烤 15 分鐘，烤盤調頭，再以上火 160℃ / 下火 210℃烤 8 到 12 分鐘，至派底上色後出爐，放涼備用。

4 【巧克力鮮奶油】動物性鮮奶油＋細砂糖，以手持電動打蛋器打到 8 分發（拉起打蛋器，鮮奶油呈挺立尖勾狀），拌入卡士達醬和軟質巧克力醬，裝入 8 齒花嘴擠花袋。

5 【裝飾】在冷卻的派上擠入巧克力鮮奶油、擺上草莓、撒上巧克力屑和糖粉裝飾即可。
※ 冷藏保存 3 天。

72 香草冰淇淋

 分量｜600g

打蛋器

冰淇淋配件組

材料

蛋黃……60g
細砂糖……50g
鮮奶……150g
香草莢……1/2 條－劃開
動物性鮮奶油……300g
蘭姆酒漬葡萄乾……50g

作法

1. 蛋黃＋細砂糖，放入攪拌缸，以打蛋器打至膨發、顏色泛白。

2. 鮮奶＋香草莢，煮沸，沖入作法1中，隔水加熱到80℃，拌勻，以濾網過篩，放涼備用。

3. 動物性鮮奶油放入攪拌缸，以打蛋器打到濕性發泡，加入冷卻的作法2，拌勻。

4. 將作法3倒入冰凍的冰淇淋配件中，攪拌到凝固呈冰淇淋狀，拌入蘭姆酒漬葡萄乾即可（馬龍卡作法見P.118）。
   ❖ 最佳賞味1個月。

73 巧克力冰淇淋

 分量∣約 600g

材料

蛋黃……30g
細砂糖 ……75g
鮮奶……225g
可可粉……20g
苦甜巧克力……20g
動物性鮮奶油……250g

打蛋器

冰淇淋配件組

作法

1　蛋黃＋細砂糖，放入攪拌缸，以打蛋器打至膨發、顏色泛白。

2　鮮奶煮沸，沖入作法 1 中，拌勻，取出攪拌缸，隔水加熱到 80℃，拌入苦甜巧克力和可可粉，攪拌均勻後以濾網過篩，放涼備用。

3　動物性鮮奶油放入攪拌缸，以打蛋器打到濕性發泡，加入冷卻的作法 2，拌勻。

4　將作法 3 倒入冰凍的冰淇淋配件中，攪拌到凝固呈冰淇淋狀即可。
　※ 最佳賞味 1 個月。

PART
5

誠意十足 Handmade
私房美味伴手禮

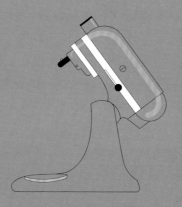

74 經典鳳梨酥

分量｜ 25 顆

材料

平攪拌槳

A 餅皮

無鹽奶油……80g
糖粉……23g
鹽……1g
煉乳……20g
蛋黃……15g
奶粉……10g
起司粉……3g
低筋麵粉……115g

B 內餡

P.111 土鳳梨餡……250g

作法

1. 【餅皮】無鹽奶油＋糖粉（過篩）＋鹽，放入攪拌缸，以平攪拌槳拌勻，分次加入蛋黃和煉乳，拌勻，再加入混合過篩的奶粉＋起司粉＋低筋麵粉，拌勻。

2. 將攪拌好的麵團蓋上保鮮膜，靜置 30 分鐘，分割為 10g ／個，搓圓。

3. 【組合】土鳳梨餡，分割為 10g ／個，搓圓；將麵團拍扁，包入土鳳梨餡，壓入模型（SN3751）中，排入烤盤。

4. 以上火 180℃ ／下火 180℃ 烤約 10 分鐘，至表面微酥後翻面，續烤約 10 ～ 15 分鐘，至表面酥黃即可。
   ※ 常溫保存 14 天。

中式酥油皮製作

 分量 | 約 550g

平攪拌槳

材料

（示範：抹茶酥油皮）

A 油皮－ 15g ／個

中筋麵粉……50g
低筋麵粉……100g
糖粉……25g
無水奶油……60g
奶粉……15g
抹茶粉……2.5g
水……75 ～ 80g

B 油酥－ 10g ／個

低筋麵粉……150g
無水奶油……70g

TIPS

◆ 中式酥油皮的製作皆可參照本頁作法，唯材料與分割大小隨產品不同而有些許差異。鬆弛過程可蓋保鮮膜，避免酥油皮吹風造成表面乾裂。

◆ 油皮中的抹茶粉可換成可可粉或其它風味粉，變化出不同口味的油酥皮。

作 法

1　【油皮】所有材料 A 放入攪拌缸（水可緩緩加入，依麵團濕度於彈性範圍內增減），以平攪拌槳打到麵團呈光滑狀，分割為 15g×20 個，搓圓，鬆弛 15~20 分鐘。

2　【油酥】所有材料 B 放入攪拌缸，以平攪拌槳拌勻，分割為 10g×20 個，搓圓。

3　【組合】油皮壓扁，包入油酥，擀捲 2 次，鬆弛 15 分鐘，備用即可。

75 柚香造型蛋黃酥

 分量 | 20 顆

平攪拌槳

（示範：抹茶酥油皮）

材料

A 抹茶油皮－15g／個

中筋麵粉……50g
低筋麵粉……100g
糖粉……25g
無水奶油……60g
奶粉……15g
抹茶粉……2.5g
水……75～80g

B 油酥－10g／個

低筋麵粉……150g
無水奶油……70g

C 內餡

白豆沙餡……400g
生鹹蛋黃……15 顆（烤熟打碎）
烤熟松子……適量

D 裝飾

可可粉……適量
食用金粉……適量
伏特加……適量

┃烤出美味鹹蛋黃┃

生鹹蛋黃可以購買帶殼生鹹鴨蛋自己打，風味會更好！
取出的生鹹蛋黃，要先放入烤箱以 150℃烤到出油，再
噴米酒增加香氣並去腥，就能得到美味的鹹蛋黃囉。

※ 書中製作糕點內餡需要熟鹹蛋黃碎時，可利用食物調
　理機簡單迅速的打出熟鹹蛋黃碎，再利用保鮮膜塑形，
　放入冰箱冰硬，在包餡時會更好包。

作 法

1　【抹茶酥皮油組合】作法參照 P.139 －將油皮分割為 15g×20 個、油酥分割為 10g×20 個，完成組合、擀捲與鬆弛；取剩餘油皮揉入適量巧克力粉，作為蒂頭使用。

2　【內餡】小碗鋪保鮮膜，放入 10g 熟鹹蛋黃碎、加入少許松子，包起、扭緊成球狀，放入冰箱冷凍、冰硬，取出，外層再包覆 20g 白豆沙餡。

3　【組合】取一顆抹茶油酥皮，用食指從中間壓下，再從左右捏合，用掌心壓扁、擀開，包入內餡，鬆弛 10 分鐘。

4　整型成柚子狀，頂端戳小洞，刷上以伏特加調開的食用金粉，再搓一小條巧克力油皮插入蒂頭處。

5　以上火 200℃／下火 150℃烤 15 分鐘至表面上色，關上火、再燜 10 分鐘即可。
　　※ 常溫保存 7 天。

76 燒餅鳳梨酥

分量｜ 20 組

平攪拌槳

材 料

A 油 皮－ 20g／個
中筋麵粉……50g
低筋麵粉……100g
糖粉……25g
無水奶油……60g
奶粉……15g
水……75 ～ 80g

B 油 酥－ 15g／個
低筋麵粉……150g
無水奶油……70g

C 內 餡－ 15g／個
P.111 土鳳梨餡……225g

D 裝 飾
生白芝麻……適量

作 法

1　【油酥皮組合】作法參照 P.139 －將油皮分割為 20g×15 個、油酥分割為 15g×15 個，完成組合、擀捲與鬆弛。

2　【組合】土鳳梨餡，分割為 15g／個，搓圓；取一顆油酥皮，用食指從中間壓下，再從左右捏合，用掌心壓扁、擀開，包入土鳳梨餡，鬆弛 10 分鐘。

3　拍扁、擀成橢圓形，三折成燒餅狀，表面噴水，沾生白芝麻，將芝麻面朝下排入烤盤，表面剪兩刀（戳洞亦可）。

4　以上火 200℃／下火 200℃烤 15 分鐘，翻面再烤 10 分鐘即可。
※ 常溫保存 7 天。

77 臺灣味麻糬 Q 餅

分量 | 10 顆

平攪拌槳

材料

A 油皮－30g／個
中筋麵粉……50g
低筋麵粉……100g
糖粉……25g
無水奶油……60g
奶粉……15g
水……75 ～ 80g

B 油酥－20g／個
低筋麵粉……150g
無水奶油……70g

C 內餡
紅豆餡……400g
麻糬……200g
熟鹹蛋黃碎……100g
肉脯……100g

D 裝飾
生白芝麻……適量

作法

1　【油皮】所有材料 **A** 放入攪拌缸，以平攪拌槳打到麵團呈光滑狀，分割為 30g×10 個，搓圓，鬆弛 15 ～ 20 分鐘。

2　【油酥】所有材料 **B** 放入攪拌缸，以平攪拌槳拌匀，分割為 20g×10 個，搓圓。

3　【油酥皮組合】油皮壓扁，包入油酥，擀捲 2 次，鬆弛 15 分鐘，備用。

4　【內餡】取 40g 紅豆餡，搓圓、壓扁，包入 20g 麻糬＋ 10g 肉脯＋ 10g 熟鹹蛋黃碎。

5　【組合】取一顆油酥皮，用食指從中間壓下，再從左右捏合，用掌心壓扁、擀開，包入內餡，鬆弛 10 分鐘，再擀壓成圓餅狀，表面噴水，沾生白芝麻。

6　沾芝麻面朝下排入烤盤，表面剪兩刀（戳洞亦可），以上火 200℃／下火 230℃ 烤 15 分鐘，翻面再烤 10 分鐘即可。
　※ 常溫保存 7 天。

78 綠豆椪

分量｜ 10 個

平攪拌槳

攪碎器

材料

A 油皮－ 30g／個
中筋麵粉……50g
低筋麵粉……100g
糖粉……25g
豬油……60g
奶粉……15g
水……75～80g

B 油酥－ 15g／個
低筋麵粉……110g
豬油……55g

C 內餡
綠豆沙餡……500g
肉燥……100g

D 表面
食用紅色素……少許

作法

1 【酥皮油組合】作法參照 P.139 －將油皮分割為 30g×10 個、油酥分割為 15g×10 個，完成組合、擀捲與鬆弛。

2 【內餡】取 50g 綠豆沙餡，包入 10g 肉燥。

3 【組合】取一顆油酥皮，用食指從中間壓下，再從左右捏合，用掌心壓扁、擀開，包入內餡，鬆弛 10 分鐘，再擀壓成圓餅狀，表面用竹筷沾上食用紅色素點一點裝飾。

4 以上火 160℃／下火 200℃烤 35～40 分鐘即可。
※ 常溫保存 3 天。

｜自製肉燥｜

材料／
豬肉 150g、豬油 10g、油蔥酥 100g、熟白芝麻 10g
調味料
醬油 30g、細砂糖 20g、白胡椒粉 3g、五香粉 3g
作法／
① 豬肉以攪碎器（粗磨板）攪碎成豬絞肉，以豬油拌炒至肉色反白，加入所有調味料，翻炒到水分收乾，加入油蔥酥和熟白芝麻，拌勻，起鍋冷卻備用。

(79) 月娘酥

分量 | 20 顆

平攪拌槳

食物調理機

材 料

A 油皮－18g／個

中筋麵粉……55g
低筋麵粉……110g
糖粉……28g
無水奶油……66g
奶粉……16g
水……80-90g

B 油酥－12g／1個

低筋麵粉……165g
無水奶油……75g

C 內餡

無油綠豆沙餡……450g
無鹽奶油……50g
熟鹹蛋黃碎……200g

 混合拌匀

D 裝飾

生黃豆粉……適量

作 法

1. 【酥皮油組合】作法參照 P.139－將油皮分割為 18g×20 個、油酥分割為 12g×20 個，完成組合、擀捲與鬆弛。

2. 【內餡】小碗鋪保鮮膜，放入 10g 熟鹹蛋黃碎，包起、扭緊成球狀，冷凍冰硬，取出，外層包覆 25g 綠豆沙餡。

3. 【組合】取一顆油酥皮，用食指從中間壓下，再從左右捏合，用掌心壓扁，擀開，包入內餡，表面噴水、撒上生黃豆粉。

4. 以上火 180℃／下火 180℃烤 25 分鐘即可。
   ※ 常溫保存 7 天。

(80) 太陽餅

 分量｜20 個

平攪拌槳

材 料

A 油皮－ 30g／個

中筋麵粉……100g
低筋麵粉……200g
糖粉……50g
無水奶油……120g
奶粉……30g
水……150~160g

B 油酥－ 15g／個

低筋麵粉……205g
無水奶油……95g

C 內餡－ 25g／個

低筋麵粉……140g
純糖粉……160g
奶粉……65g
水麥芽……60g
無鹽奶油……65g
奶水……80g

作 法

1 【酥皮油組合】作法參照 P.139 －將油皮分割為
30g×20 個、油酥分割為 25g×20 個，完成組合、
擀捲與鬆弛。

2 【內餡】低筋麵粉＋純糖粉＋奶粉，混合過篩，
分次加入水麥芽→無鹽奶油→奶水，依序拌勻，
分割為 25g／個，搓圓。

3 【組合】取一顆油酥皮，用食指從中間壓下，再
從左右捏合，用掌心壓扁、擀開，包入內餡，鬆
弛 10 分鐘，再擀壓成直徑約 10cm 的圓餅狀。

4 以上火 180℃／下火 180℃烤 25 分鐘即可。

※ 常溫保存 7 天。

81 厚奶茶瑪德蓮

分量｜24 個

平攪拌槳

材料

奶水……60g
紅茶包……3 包
細砂糖……190g
海藻糖……30g
蛋黃……80g
蛋白……115g

葡萄糖漿……20g
低筋麵粉……190g
無鋁泡打粉……6g
紅茶粉……5g
無鹽發酵奶油……190g

作法

1. 奶水煮滾，放入紅茶包，熄火、浸泡5分鐘，倒出香醇的厚奶茶，冷卻備用；葡萄糖漿隔水加熱至融，備用。

2. 細砂糖＋海藻糖＋蛋黃＋蛋白，放入攪拌缸，以平攪拌槳拌勻，加入作法1葡萄糖漿，拌勻，再加入混合過篩的低筋麵粉＋無鋁泡打粉＋紅茶粉，拌勻。

3. 續入厚奶茶，拌勻後倒入容器中，以保鮮膜貼合封起，放入冰箱冷藏1天；隔日取出，回溫到18℃，加入融化的無鹽發酵奶油，拌勻成厚奶茶麵糊。

4. 將完成的厚奶茶麵糊裝入擠花袋中，擠入瑪德蓮貝殼烤模，以上火195℃／下火185℃烤12～15分鐘即可。
   ※ 常溫保存7天。

TIPS

麵糊靜置一晚，可以讓攪拌過程中產生的筋性得以鬆弛，烤出來的瑪德蓮會凸得更漂亮，口感也會更鬆軟綿密。

82 紅蘿蔔蛋糕

分量｜ 20 個

平攪拌槳

切絲切片器

榨汁器

壓麵器

材料

A 蛋糕體

無鹽發酵奶油……200g
黑糖粉……200g
鹽……2g
全蛋……4 顆（常溫）
低筋麵粉……135g
荳蔻粉……2g
無鋁泡打粉……1.5g
杏仁粉……65g

檸檬汁……1/2 顆
檸檬皮絲……1/2 顆
紅蘿蔔……150g
烤熟核桃……65g

B 裝飾

P.163 奶油霜……適量
翻糖……500g
色膏（紅、黃、綠）……少許

作法

1. 【蛋糕體】紅蘿蔔以切絲切片器（粗絲刀片筒）刨絲；檸檬表面刨皮絲、果肉以榨汁器榨出檸檬汁，備用。

2. 無鹽發酵奶油＋黑糖粉＋鹽，放入攪拌缸，以平攪拌槳打發（顏色變淡），分次加入全蛋打勻，加入混合過篩的低筋麵粉＋荳蔻粉＋無鋁泡打粉＋杏仁粉，拌勻。

3. 續入檸檬汁、檸檬皮絲、紅蘿蔔絲、烤熟核桃，拌勻，填入紅蘿蔔造型烤模，以上火 190℃／下火 170℃烤 15 ～ 20 分鐘，出爐冷卻備用。

4. 翻糖染成兩色：橘色（紅 2：黃 1）、綠色，揉勻，用壓麵器（刻度 1）壓出薄片。

5. 在紅蘿蔔蛋糕上抹奶油霜，蓋上翻糖片貼合，用抹刀在紅蘿蔔上壓出橫線裝飾即可。
   ※ 常溫保存 3 天。

83 抹茶輕乳酪

 分量 | 5 吋 ×3 個

打蛋器

材料

奶油乳酪……150g	蛋黃……150g
無鹽發酵奶油……85g	蛋白……185g
鮮奶……50g	細砂糖……100g
低筋麵粉……35g	塔塔粉……2.5g
玉米粉……15g	
抹茶粉……5g	

作法

1. 取固定式烤模，底部先鋪烤焙紙，方便後續脫模，內壁塗抹一層薄奶油，備用。

2. 無鹽發酵奶油＋鮮奶，煮滾，沖入奶油乳酪中，打勻，加入混合過篩的低筋麵粉＋玉米粉＋抹茶粉，拌勻，再加入蛋黃，拌勻成糊狀。

3. 蛋白＋細砂糖＋塔塔粉，放入攪拌缸，以打蛋器打發至拉起有小彎勾，取 1/3 加入作法 2 麵糊中，拌勻，再倒回打發蛋白中，拌勻。

4. 將完成的抹茶乳酪麵糊倒入固定烤模中，輕敲烤模讓大氣泡浮出，放入深烤盤、烤盤倒入水，以上火 200℃ / 下火 150℃隔水烘烤 35 ～ 40 分鐘即可。
   ※ 冷藏保存 5 天。

84 老奶奶檸檬蛋糕

 分量｜5吋 ×2個

材料

打蛋器

榨汁器

A 蛋糕體

無鹽發酵奶油……250g
檸檬汁……30g
檸檬皮絲……1 又 1/2 顆
全蛋……6 顆
細砂糖……225g
海鹽……3g
低筋麵粉……240g

B 檸檬糖霜

檸檬汁……70g
飲用水……35g
純糖粉……435g

C 表面

檸檬皮絲……1 顆

作法

1. 【蛋糕體】檸檬表面刨皮絲、果肉以榨汁器榨出檸檬汁；固定式烤模抹一層薄奶油，再沾一層薄麵粉，備用。

2. 無鹽發酵奶油加熱，煮到焦化，以細濾網過篩，刨入檸檬皮絲、加入檸檬汁，拌勻備用。

3. 全蛋＋細砂糖＋海鹽，放入攪拌缸，先隔水加熱到 40℃（一邊攪拌到糖、鹽融化），架上攪拌機，用打蛋器快速打發到 3 倍大。

4. 加入已過篩的低筋麵粉，用手快速、輕柔拌勻，取 1/3 加入作法 2 檸檬焦化奶油，拌勻，再倒回麵糊中，拌勻。

5. 將麵糊倒入固定烤模中，輕敲烤模讓大氣泡浮出，放入烤箱，以上火 180℃／下火 180℃烘烤 25 ～ 30 分鐘，出爐脫模，冷卻備用。

6. 【檸檬糖霜】檸檬汁＋飲用水＋純糖粉（先過篩），拌勻，淋在冷卻的蛋糕體上，撒少許檸檬皮絲裝飾即可。※ 常溫保存 7 天。

TIPS 製作古早味蛋糕時，可以把深烤盤的邊緣
用包上鋁箔紙的厚紙板撐住，再鋪一層
白報紙，就能烤出膨得高高的古早味蛋糕
囉！

85 古早味肉鬆蛋糕

 分量｜烤盤 36.5cm×26.5cm×5cm×1 盤

打蛋器

材 料

A 蛋糕體

蛋黃……320g
沙拉油……225g
鮮奶……190g
低筋麵粉……290g
蛋白……640g
塔塔粉……6g
細砂糖……255g

B 內餡

海苔肉鬆……適量
白芝麻……適量

作 法

1　【蛋糕體】蛋黃打散，依序加入沙拉油→鮮奶，拌勻，再加入已過篩的低筋麵粉，拌勻。

2　蛋白＋塔塔粉＋細砂糖，放入攪拌缸，以打蛋器打發至拉起有小彎勾，分次拌入作法 1 麵糊中，輕輕、快速拌勻。

3　先取 2/3 麵糊倒入鋪上白報紙的高烤盤，抹平，撒上海苔肉鬆和白芝麻，再倒入剩餘麵糊，表面再撒一次海苔肉鬆和白芝麻。

4　放入烤箱，以上火 200℃／下火 150 烤 20 分鐘再以 160℃／下火 150 烤 40 ～ 50 分鐘，出爐，脫模冷卻即可。※ 冷藏保存 3 天。

86 生乳捲

分量｜烤盤 33cm×43cm×1 盤

打蛋器

材料

A 蛋糕體
無鹽發酵奶油……65g
沙拉油……65g
低筋麵粉……125g
玉米粉……25g
鮮奶……110g
蜂蜜……65g
蛋黃……160g
蛋白……315g

細砂糖……170g
塔塔粉……3g

B 內餡
動物性鮮奶油……500g
細砂糖……50g

作法

1　【蛋糕體】無鹽發酵奶油＋沙拉油，煮沸，沖入混合過篩的低筋麵粉＋玉米粉。

2　鮮奶加熱到 60℃，慢慢沖入作法 1，邊倒邊拌勻，加入蛋黃，拌勻成蛋黃糊。

3　蛋白＋細砂糖＋塔塔粉，放入攪拌缸，以打蛋器打發到濕性發泡，先取 1/3 拌入作法 2 蛋黃糊中，再倒回打發蛋白缸中，用手輕輕、快速拌勻。

4　將蛋糕麵糊倒入鋪上白報紙的烤盤，抹平，以上火 190℃ / 下火 140℃烤 15～18 分，出爐，拉開白報紙，冷卻備用。

5　【內餡】動物性鮮奶油＋細砂糖，以打蛋器打發至有紋路狀，備用。

6　【組合】蛋糕底朝上，鋪在白報紙上，表面抹一層厚內餡，捲起固定，放入冰箱冷藏至定型即可。※ 冷藏保存 5 天。

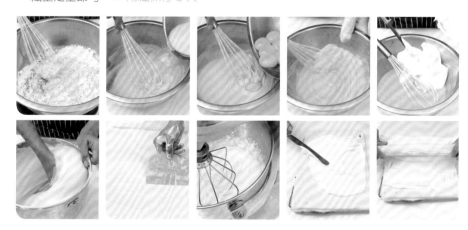

87 千葉紋蜂蜜蛋糕捲

 分量 │ 烤盤 33cm×43cm×1 盤

打蛋器

材 料

A 蛋糕體
無鹽發酵奶油……65g
沙拉油……65g
低筋麵粉……125g
玉米粉……25g
鮮奶……110g
蜂蜜……65g
蛋黃……160g
蛋白……315g

細砂糖……170g
塔塔粉……3g

B 表面
│ 蛋黃……50g

C 奶油霜
日本蛋白粉……12g
飲用水……72g
無鹽發酵奶油……430g
白巧克力……145g

作 法

1 【蛋糕體】無鹽發酵奶油＋沙拉油，煮沸，沖入混合過篩的低筋麵粉＋玉米粉。

2 鮮奶＋蜂蜜加熱到 60℃，慢慢沖入作法 1，邊倒邊拌勻，加入蛋黃，拌勻成蛋黃糊。

3 蛋白＋細砂糖＋塔塔粉，放入攪拌缸，以打蛋器打發到濕性發泡，先取 1/3 拌入作法 2 蛋黃糊中，再倒回打發蛋白缸中，用手輕輕、快速拌勻。

4 將蛋糕麵糊倒入鋪上白報紙的烤盤，抹平，表面以蛋黃擠出斜紋，用竹籤畫出紋路，以上火 190℃ / 下火 140℃烤 15 ～ 18 分鐘，出爐，拉開白報紙，冷卻備用。

5 【奶油霜】日本蛋白粉＋飲用水，放入攪拌缸，以打蛋器打發，加入無鹽發酵奶油，拌勻，再加入融化的白巧克力，拌勻。

6 【組合】蛋糕底朝上，鋪在白報紙上，表面抹奶油霜，捲起固定至定型即可。
※ 常溫保存 3 天。

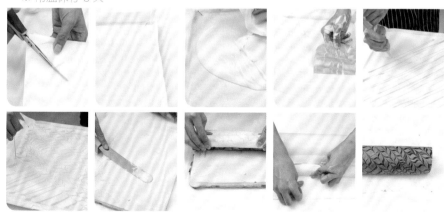

TIPS 沒有鏡面果膠也可以直接刷上市售或自製
草莓果醬（P.49）！除了增添風味，也有
保濕效果。

88 草莓蛋糕盒

分量｜ 15cm×11cm×7.5cm×3 盒

打蛋器

材料

A 蛋糕體

無鹽發酵奶油……65g
沙拉油……65g
低筋麵粉……125g
玉米粉……25g
鮮奶……110g
蜂蜜……65g
蛋黃……155g
蛋白……315g

細砂糖……170g
塔塔粉……3g

B 表面

新鮮草莓……適量
P.23 卡士達醬……350g
動物性鮮奶油……500g
細砂糖……50g
鏡面果膠……適量
草莓果泥……適量

作法

1. 【蛋糕體】無鹽發酵奶油＋沙拉油，煮沸，沖入混合過篩的低筋麵粉＋玉米粉。

2. 鮮奶加熱到 60℃，慢慢沖入作法 1，邊倒邊拌勻，加入蛋黃，拌勻成蛋黃糊。

3. 蛋白＋細砂糖＋塔塔粉，放入攪拌缸，以打蛋器打發到濕性發泡，先取 1/3 拌入作法 2 蛋黃糊中，再倒回打發蛋白缸中，用手輕輕、快速拌勻。

4. 將蛋糕麵糊倒入鋪上白報紙的烤盤，抹平，以上火 190℃／下火 140℃烤 15 分鐘，出爐，拉開白報紙，冷卻後切塊，備用。

5. 【裝飾】草莓洗淨、去蒂頭後對半切；動物性鮮奶油＋細砂糖，以打蛋器打發至有紋路，裝入 12 齒擠花嘴（SN7113）擠花袋；鏡面果膠＋草莓果泥，拌勻，備用。

6. 【組合】先鋪一層蛋糕片→盒面排入草莓（剖面朝外）→擠入卡士達醬→蓋一層蛋糕片→邊緣擠一圈鮮奶油花→鋪入草莓塊→刷上草莓鏡面果膠即可。※ 冷藏保存 3 天。

89 提拉米蘇

分量 | 12 杯

打蛋器

材 料

A 指型餅乾
蛋黃……70g
細砂糖 a……45g
蛋白……140g
細砂糖 b……85g
鹽……0.5g
塔塔粉……0.5g
低筋麵粉……100g
糖粉……適量

B 瑪斯卡邦起司餡
細砂糖 a……90g
水……30g
動物性鮮奶油……450g
蛋黃……80g
細砂糖 b……30g
瑪斯卡邦……450g
吉利丁片……12g

C 酒糖液
咖啡酒……10g
義式濃縮咖啡……40g
細砂糖……16g
熱開水……40g

D 裝飾
防潮可可粉……適量

作 法

【指型餅乾】

1. 蛋黃＋細砂糖 a，隔溫水打發至呈乳白色。

2. 蛋白＋細砂糖 b ＋鹽＋塔塔粉，放入攪拌缸，以打蛋器打發至硬性發泡。

3. 取 1/3 作法 2 打發蛋白，加入作法 1 打發蛋黃，拌勻，再將蛋黃糊倒回剩餘 2/3 的打發蛋白中，拌勻。

4. 加入已過篩的低筋麵粉，用刮刀輕輕、快速拌勻，裝入平口擠花袋。

5. 在已鋪上白報紙的烤盤上擠出 6cm 寬的指型長條，撒上糖粉，以上火 230℃ / 下火 200℃烤約 10 分鐘，出爐。

6. 待稍微冷卻，以直徑小於容器的圓框壓出指型蛋糕片，備用。

【瑪斯卡邦起司餡】

1 吉利丁片泡冰水，軟化後擠乾水分，隔水加熱至融化；動物性鮮奶油打發；蛋黃＋
細砂糖 b 打發至呈乳白色，備用。

2 細砂糖 a ＋水，煮到 115℃，沖入作法 1 打發蛋黃，加入融化的吉利丁片、馬斯卡邦，
打勻，再加入打發鮮奶油，拌勻，裝入擠花袋中，備用。

【組合】

1 先在慕斯模中擠上起司餡，放上指型餅乾，將調勻的酒糖液刷在指型餅乾上，再擠
一層起司餡，重覆疊一次指型餅乾→刷酒糖液→起司餡抹平。

2 冷藏 4 小時取出，撒上防潮可可粉即可。
※ 冷藏保存 5 天。

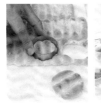

PART
6

小資創業也 OK ！
一口千金手工糖

90 卡哇依棉花糖

分量｜40個

打蛋器

材料

A

水 a……90g
細砂糖……90g
葡萄糖漿……100g
吉利丁片……4 片
水 b……90g

B

食用色素……適量
熟玉米粉……適量

作法

1. 水 a ＋細砂糖＋葡萄糖，以中小火煮到 120℃，倒入攪拌缸中。

2. 吉利丁片泡冰水，軟化後擠乾水分，加入水 b，隔水加熱至融勻，慢慢沖入作法 1，以打蛋器快速打發，至呈綿密白色狀。

3. 可取出增添食用色素，拌勻，裝入擠花袋中，在熟玉米粉上擠出喜愛的造型，靜置 20 分鐘，表面刷少許熟玉米粉，再移至冷卻架上，至表面乾燥不黏手即可包裝。
   ❊ 常溫 14 天。

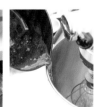

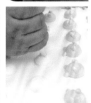

TIPS

◆ 可以用果汁替代水 a，可增添棉花糖風味。
◆ 在擠造型前過程中，請記得將棉花糖隔熱水保溫，避免固化不好擠出。
◆ 熟玉米粉鋪在烤盤時，利用圓框等工具壓出記號，擠棉花糖時就可以讓成品大小一致。

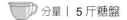

91

南棗核桃糕

分量｜5斤糖盤

攪碎器

材料

85% 水麥芽……675g
海藻糖……100g
細砂糖……40g
海鹽……5g
棗泥烏豆沙……180g

棗泥漿（註）……105g
太白粉……35g
水……55g
無鹽發酵奶油……55g
烤熟核桃……600g

作法

1　熟核桃放入烤箱，以上火80℃/下火80℃保溫。

2　水麥芽＋海藻糖＋細砂糖，放入鍋中，用中火煮滾，加入海鹽，拌勻（※過程中要注意不能煮焦）。

3　續入棗泥烏豆沙，煮散，再加入棗泥漿，煮滾，沖入調勻的太白粉水，拌勻，加入無鹽發酵奶油，煮到呈濃稠狀（※抓一小塊放入冰水可成球狀），拌入溫熱的核桃，拌勻。

4　趁熱將作法3倒入鋪好烤焙紙的糖果盤，揉壓均勻，表面隔烤焙紙，用桿麵棍擀平，完全冷卻後裁切包裝即可。
　※常溫保存1個月。

┃自製棗泥漿┃

材料/
去籽黑棗……100g
去籽紅棗……100g
水……300g

作法/
① 去籽黑棗＋去籽紅棗＋水，蒸軟，濾除多餘水分，以攪碎器（精磨板）磨成泥即可。
※ 棗泥漿可以讓南棗核桃糕的黑棗、紅棗風味更濃郁。

92 杏仁牛軋糖

分量 | 3/5 斤糖盤

平攪拌槳

打蛋器

材 料	3 斤糖盤	5 斤糖盤
A 糖基		
水	80	135
麥芽糖漿	540	900
鹽	8	13
細砂糖	70	115
海藻糖	95	160
B 蛋白霜		
新鮮蛋白	50	85
塔塔粉	3	5
細砂糖	30	50
C		
無鹽奶油	145	240
奶粉	145	240
熟杏仁粒	550	91

TIPS

◆ 煮糖時，盡量避免攪動，可避免糖漿反砂、結晶；可在糖漿溫度約110℃時，開始打發蛋白霜，避免太早打發消泡、太晚打發糖漿溫度過高或冷卻。

◆ 製作牛軋糖時，堅果類都要先保溫，避免與糖團揉合時冷熱差異太大，而使糖團太快降溫、影響塑型操作性。

◆ 切糖時，除了用一般菜刀切糖外，也可選擇專用糖刀，彎月造型可省力不少。

1. 熟杏仁粒放入烤箱，以上火 80℃／下火 80℃保溫；無鹽奶油融化，備用。

2. 【糖基】所有材料 A 放入鍋中，以中小火煮到 130℃。

3. 【蛋白霜】蛋白＋塔塔粉，放入攪拌缸，用打蛋器以高速打發，打到出大泡泡時，分二次加入細砂糖，打到硬性發泡（※ 打發的蛋白包住打蛋器成團狀），將打蛋器更換為平攪拌槳。

4. 將糖基緩緩倒入蛋白霜中，先用中速攪拌出紋路，再改高速打發。

5. 倒入融化的無鹽奶油，改中速拌勻→加入已過篩奶粉，改低速拌勻→完成糖團。

6. 趁熱刮出糖團，放在鋪有防沾布或矽膠墊的烤盤上，加入溫熱的杏仁粒揉勻，移至鋪好耐熱塑膠袋（噴烤盤油防沾黏）的糖盤中，用桿麵棍壓平。

7. 冷卻後以糖刀切塊、包裝即可。
   ※ 常溫保存 1 個月。

● 延伸變化

乳加巧克力棒

材料

| P.175 杏仁牛軋糖……1 份
| 苦甜巧克力……適量

作法 ───────

1. 杏仁牛軋糖切長條狀，備用。

2. 苦甜巧克力切碎，隔水加熱至融化，淋在杏仁牛軋糖上，靜置到巧克力凝固即可。

93 榛果巧克力牛軋糖

 分量丨3 / 5 斤糖盤

平攪拌槳

打蛋器

材 料	3 斤糖盤	5 斤糖盤
A 糖 基		
水	80	135
麥芽糖漿	540	900
鹽	8	13
細砂糖	70	115
海藻糖	95	160
B 蛋 白 霜		
新鮮蛋白	50	85
塔塔粉	3	5
細砂糖	30	50
C		
無鹽奶油	75	125
深黑苦甜巧克力	70	115
奶粉	115	190
可可粉	30	50
熟榛果	500	830

作 法

1. 熟榛果粒放入烤箱，以上火 80°C / 下火 80°C保溫；無鹽奶油＋深黑苦甜巧克力，融化，備用。

2. 【糖基】所有材料 A 放入鍋中，以中小火煮到 125°C。

3. 【蛋白霜】蛋白＋塔塔粉，放入攪拌缸，用打蛋器以高速打發，打到出大泡泡時，分二次加入細砂糖，打到硬性發泡（※ 打發的蛋白包住打蛋器成團狀），將打蛋器更換為平攪拌槳。

4. 將糖基緩緩倒入蛋白霜中，先用中速攪拌出紋路，再改高速打發→倒入融化的無鹽奶油＋深黑苦甜巧克力，改中速拌勻→加入混合過篩的奶粉＋可可粉，改低速拌勻→完成糖團。

5. 趁熱刮出糖團，放在鋪有防沾布或矽膠墊的烤盤上，加入溫熱的榛果粒揉勻，移至鋪好耐熱塑膠袋（噴烤盤油防沾黏）的糖盤中，用桿麵棍壓平，冷卻後以糖刀切塊、包裝即可。
   ※ 常溫保存 1 個月。

Delicious
Moment

It's time to sweeten
your taste buds
with tasty and
delicoious.

Delicious
Moment

It's time to sweeten
your taste buds
with tasty and
delicoious.

Delicious
Moment

Delicious
Moment

Delicious
Moment

94 草莓牛軋糖

分量 | 3 / 5 斤糖盤

平攪拌槳

打蛋器

材料	3 斤糖盤	5 斤糖盤
A 糖基		
草莓果漿	80	135
麥芽糖漿	540	900
鹽	8	13
細砂糖	70	115
海藻糖	95	160
B 蛋白霜		
塔塔粉	3	5
新鮮蛋白	50	85
細砂糖	30	50
C		
無鹽奶油	145	240
奶粉	145	240
熟夏威夷豆	220	365
熟開心果	100	165
乾燥草莓乾	80	135

作法

1. 熟夏威夷豆和開心果放入烤箱,以上火80℃/下火80℃保溫;無鹽奶油融化,備用。

2. 【糖基】所有材料 A 放入鍋中,以中小火煮到130℃。

3. 【蛋白霜】蛋白+塔塔粉,放入攪拌缸,用打蛋器以高速打發,打到出大泡泡時,分二次加入細砂糖,打到硬性發泡（❖ 打發的蛋白包付打蛋器成團狀），將打蛋器更換為平攪拌槳。

4. 將糖基緩緩倒入蛋白霜中,先用中速攪拌出紋路,再改高速打發→倒入融化的無鹽奶油,改中速拌勻→加入已過篩奶粉,改低速拌勻→完成糖團。

5. 趁熱刮出糖團,放在鋪有防沾布或矽膠墊的烤盤上,加入溫熱的夏威夷豆、開心果及乾燥草莓乾,揉勻,移至鋪好耐熱塑膠袋（噴烤盤油防沾黏）的糖盤中,用桿麵棍壓平,冷卻後以糖刀切塊、包裝即可。
   ❖ 常溫保存 1 個月。

95 芝麻杏仁雙色牛軋糖

分量｜3／5斤糖盤

平攪拌槳

打蛋器

材料	3斤糖盤	5斤糖盤
A 糖基		
水	80	135
麥芽糖漿	540	900
鹽	8	13
細砂糖	70	115
海藻糖	95	160
B 蛋白糖		
新鮮蛋白	50	85
塔塔粉	3	5
細砂糖	30	50
C		
無鹽奶油	145	240
奶粉	145	240
熟黑芝麻	250	415
熟杏仁角	250	415

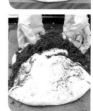
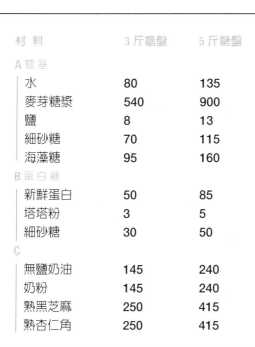

作法

1. 熟黑芝麻以食物調理機打成粉；將熟杏仁角和黑芝麻粉放入烤箱，以上火80℃／下火80℃保溫；無鹽奶油融化，備用。

2. 【糖基】所有材料A放入鍋中，以中小火煮到130℃。

3. 【蛋白霜】蛋白＋塔塔粉，放入攪拌缸，用打蛋器以高速打發，打到出大泡泡時，分二次加入細砂糖，打到硬性發泡（※打發的蛋白包住打蛋器成團狀），更換為平攪拌槳。

4. 將糖基緩緩倒入蛋白霜中，以中速攪拌出紋路，改高速打發→倒入融化的無鹽奶油，改中速拌勻→加入已過篩奶粉，改低速拌勻成糖團。

5. 趁熱刮出糖團，均分成兩份，放在鋪有防沾布或矽膠墊的烤盤上，分別揉入溫熱的杏仁角、熟黑芝麻粉，依序移至鋪好耐熱塑膠袋（噴烤盤油防沾黏）的糖盤（各佔1/2糖盤大小），用桿麵棍壓平。

6. 趁熱將兩片牛軋糖疊在一起，擀壓，冷卻後以糖刀切塊、包裝即可。
   ※ 常溫保存1個月。

平攪拌槳

96 蛋捲牛軋糖

 分量｜ 25 捲

材料

A 芝麻奶香蛋捲

無鹽奶油……115g
無水奶油……30g
細砂糖……125g
海鹽……2g
全蛋……210g
奶粉……15g
低筋麵粉……125g
熟黑芝麻……20g

B 內餡

牛軋糖（口味任選）……1 份

作法

1　【芝麻奶香蛋捲】無鹽奶油＋無水奶油，放入攪拌缸，以平攪拌槳打勻，加入細砂糖＋海鹽，打發，分次入全蛋，拌勻。

2　加入混合過篩的低筋麵粉＋奶粉，以及熟黑芝麻，拌勻，完成芝麻蛋捲糊

3　【組合】選擇喜愛的牛軋糖口味，切成直徑0.5cm 的細長條，備用。

4　舀一匙芝麻蛋捲糊，倒入蛋捲煎盤、合起上蓋，煎到蛋捲表面金黃，放上牛軋糖長條，迅速捲起即可。
　❖ 常溫保存 1 個月。

97 繽紛果香雪花餅

分量｜
20cm×20cm×4.5cm×1 模 /2 模

平攪拌槳

打蛋器

材 料	3 斤糖盤	5 斤糖盤
A 糖基		
水	80	135
麥芽糖漿	540	900
鹽	8	13
細砂糖	70	115
海藻糖	95	160
B 蛋白霜		
新鮮蛋白	50	85
塔塔粉	3	5
細砂糖	30	50
C		
無鹽奶油	145	240
奶粉	145	240
熟杏仁角	35	60
熟開心果	80	135
芒果乾	200	330
蔓越莓果乾	100	165
奇福餅乾	320	530

作 法

1. 熟杏仁角＋熟開心果＋奇福餅乾（對折），放入烤箱，以上火 80℃ / 下火 80℃保溫；芒果乾和蔓越莓果乾切碎；無水奶油融化，備用。

2. 【糖基】所有材料 A 放入鍋中，以中小火煮到 130℃。

3. 【蛋白霜】蛋白＋塔塔粉，放入攪拌缸，用打蛋器以高速打發，打到出大泡泡時，分二次加入細砂糖，打到硬性發泡，將打蛋器更換為平攪拌槳。

4. 將糖基緩緩倒入蛋白霜中，先用中速攪拌出紋路，再改高速打發→倒入融化的無鹽奶油，改中速拌勻→加入已過篩奶粉，改低速拌勻→完成糖團。

5. 趁熱刮出糖團，放在鋪有防沾布或矽膠墊的烤盤上，加入溫熱的作法 1 熟杏仁角、熟開心果、奇福餅乾、芒果乾碎及蔓越莓果乾碎，揉勻。

6. 移至鋪好耐熱塑膠袋（噴烤盤油防沾黏）的方框中，用桿麵棍壓平，冷卻後以糖刀切塊、包裝即可。
   ❋ 常溫保存 1 個月。

98 高纖煉乳棒

 分量 ｜ 3 / 5 斤糖盤

平攪拌槳

打蛋器

材料	3 斤糖盤	5 斤糖盤
A 糖基		
水	45	75
麥芽糖漿	460	765
鹽	8	13
細砂糖	60	100
海藻糖	80	135
B 蛋白霜		
新鮮蛋白	45	75
塔塔粉	3	5
細砂糖	25	40
C		
無水奶油	105	175
煉乳	140	235
奶粉	35	60
玉米片	245	400
熟核桃	245	400
熟南瓜籽	75	125
蔓越莓果乾	125	210

作法

1. 玉米片＋熟核桃＋熟南瓜籽，放入烤箱，以上火 80℃ / 下火 80℃保溫；無水奶油融化，備用。

2. 【糖基】所有材料 A 放入鍋中，以中小火煮到 138℃。

3. 【蛋白霜】蛋白＋塔塔粉，放入攪拌缸，用打蛋器以高速打發，打到出大泡泡時，分二次加入細砂糖，打到硬性發泡，將打蛋器更換為平攪拌槳。

4. 將糖基緩緩倒入蛋白霜中，先用中速攪拌出紋路，再改高速打發→倒入融化的無水奶油、煉乳，改中速拌勻→加入已過篩奶粉，改低速拌勻→完成糖團。

5. 趁熱刮出糖團，放在鋪有防沾布或矽膠墊的烤盤上，加入溫熱的作法1玉米片、熟核桃、熟南瓜籽，以及蔓越莓果乾，揉勻。

6. 移至鋪好耐熱塑膠袋（噴烤盤油防沾黏）的糖盤中，用桿麵棍壓平，冷卻後以糖刀切塊、包裝即可。

   ❖ 常溫保存 1 個月。

手工糖 | Handmade Sugar

99 抹茶牛軋餅

分量 | 120 組

平攪拌槳

打蛋器

材料

A 糖基
水……80g
麥芽糖漿……540g
鹽巴……8g
細砂糖……70g
海藻糖……95g

B 無蛋白糖
塔塔粉……3g
新鮮蛋白……50g
細砂糖……30g

C
無鹽奶油……145g
奶粉……110g
抹茶粉……35g

D
香蔥蘇打餅……適量

作法

1. 【糖基】所有材料 A 放入鍋中，以中小火煮到 120℃。

2. 【蛋白霜】蛋白＋塔塔粉，放入攪拌缸，用打蛋器以高速打發，打到出大泡泡時，分二次加入細砂糖，打到硬性發泡，將打蛋器更換為平攪拌槳。

3. 將糖基緩緩倒入蛋白霜中，先用中速攪拌出紋路，再改高速打發→倒入融化的無鹽奶油，改中速拌勻→加入混合過篩的奶粉＋抹茶粉，改低速拌勻→完成抹茶糖團。

4. 趁熱刮出抹茶糖團，放在鋪有防沾布或矽膠墊的烤盤上，揉勻，備用。

5. 待抹茶糖團冷卻，取 6g 夾入 2 片香蔥蘇打餅中即可。
   ✿ 常溫保存 1 個月；最佳賞味 20 天。

⑽ 奶香牛軋方塊酥

分量 | 100 組

平攪拌槳

打蛋器

材 料

A 糖基
水……80g
麥芽糖漿……540g
鹽巴……8g
細砂糖……70g
海藻糖……95g

B 蛋白糖
塔塔粉……3g
新鮮蛋白……50g
細砂糖……30g

C
無鹽奶油……145g
奶粉……145g

D
方塊酥……適量

作 法

1　【糖基】所有材料 A 放入鍋中，以中小火煮到 120℃。

2　【蛋白霜】蛋白＋塔塔粉，放入攪拌缸，用打蛋器以高速打發，打到出大泡泡時，
分二次加入細砂糖，打到硬性發泡，將打蛋器更換為平攪拌槳。

3　將糖基緩緩倒入蛋白霜中，先用中速攪拌出紋路，再改高速打發→倒入融化的無鹽
奶油，改中速拌勻→加入混合過篩的奶粉，改低速拌勻→完成奶香糖團。

4　趁熱刮出奶香糖團，放在鋪有防沾布或矽膠墊的烤盤上，揉勻，備用。

5　【組合】待奶香糖團冷卻，取 6g 夾入 2 片方塊酥中即可。
※ 常溫保存 1 個月；最佳賞味 20 天。

101 馬卡龍牛軋糖

 分量 | 30 組

打蛋器

材料

A 義式馬卡龍

義式蛋白霜
| 細砂糖……190g
| 水……50g
| 蛋白……70g
| 塔塔粉……2g

雙色麵糊
| 馬卡龍專用杏仁粉……180g
| 純糖粉……180g
| 蛋白……70g
| 食用色素……少許

B 內餡
| 牛軋糖任選……1 份

作法

1. 【義式蛋白霜】細砂糖＋水，煮到 118 ～ 121℃，煮得時候千萬不要翻攪。

2. 蛋白＋塔塔粉，放入攪拌缸，用打蛋器打到起粗泡泡後，轉到快速，沖入作法 1 糖漿，打到蛋白光滑、拉起呈勾狀，靜置降溫到 40 ～ 50℃，備用。

3. 【麵糊】將馬卡龍專用杏仁粉＋純糖粉＋蛋白，拌勻，分成 2 份，各自加入少許食用色素，調勻，分別加入 1/2 義式蛋白霜，拌到麵糊呈現光滑狀，裝入擠花袋。

4. 【馬卡龍】在烤盤上擠出 3cm 長條，靜置風乾 20 ～ 30 分鐘，直到表面乾燥不黏手。

5. 放入預熱至上火 160℃ / 下火 160℃的烤箱，將溫度調降為上火 140℃ / 下火 140，烤 20 分鐘，出爐。

6. 【組合】選擇喜愛的牛軋糖口味，切成直徑 4.5 ～ 1.5cm 的細長條，以馬卡龍夾起即可。
   ※ 常溫保存 10 天。

Vitantonio ®

新日本食感生活

彈壓式烤盤卡榫 │ 按壓即可快速拆卸

著重小細節食出新品味 │
● 3分鐘快速上桌
● 可替換烤盤
● 安全開關
● 厚實烤盤

熱壓手把扣 │ 加強烘烤面積，美味更全面

加熱電源指示燈 │ 綠
燈亮起即可使用

防溢漏溝槽 │ 避免麵
糊流至機底

看不到的細節 │
● 防滑底部矽膠
● 收納式集線板

日本樂天週間榜銷售第一
Waffle maker ワッフルベーカー

12種的烤盤變化100分的食感生活

1999年成立的日本消費性小家電品牌，以打造簡潔外觀及符合消費者使用需求為設計宗旨，其高質感鬆餅機廣受亞洲消費者喜愛。強調對於吃的追求，不再只是食物的美味，更延伸到使用家電的設計細節、接觸材質的安全性到製作過程的便利性都更加重視，並且追求盡善盡美，這就是新日本食感生活。

VWH-32B
日本限定色

VWH-33B
台灣限定色

VWH-212-P
萬用基本款

KitchenAid

千 變 萬 化　食 刻 與 你 分 享

#1

全球銷售第一
小家電攪拌機品牌

5QT(4.8公升)抬頭式攪拌機　全球主廚及專業烘焙者一致推薦

√ 仿人力揉壓，麵包不費力　√ 快速打發，甜點不失敗　√ 混合食材，快速方便　√ 搪瓷配件不沾黏

59點行星式攪拌模式
攪拌頭每轉一圈會和攪拌盆產生59個接觸點，均勻混合食材。

10段轉速
可用於多種固體或液體食材的攪拌、揉捏及打發。

可擴充式配件接口
9種可擴充式配件，可從附件接口輕鬆組裝，製作各式各樣的料理。

抬頭式設計
讓攪拌盆或其他配件裝卸時更加容易。

穩重機身
全機壓鑄鋅製造，機身重10.8公斤，確保在高速攪拌時能穩定。

主機5年保固

加入粉絲團！

台灣總代理 **TEST RITE**
特力集團

f KitchenAidTWN Q

客服專線 0800 365 588

玩轉攪拌機
效能加倍不 NG

包子饅頭、麵點料理、甜點麵包、牛軋糖，
101 道新手必學、創業 **OK** 的營業配方大公開！

國家圖書館出版品預行編目 (CIP) 資料

玩轉攪拌機，效能加倍不 NG；包子饅
頭、麵點料理、甜點麵包、牛軋糖，
101 道新手必學、創業 OK 的營業配方
大公開！/ 李德全，杜佳穎著 . --
初版 . -- 臺北市：麥浩斯出版：家庭傳
媒城邦分公司發行 , 2019.04
200 面；17×23 公分
ISBN 978-986-408-482-1(平裝)
1. 食譜
427.1   108002988

作者　　　　　李德全、杜佳穎
責任編輯　　　張淳盈
平面攝影　　　璞真奕睿攝影工作室
美術設計　　　徐小碧工作室

社長　　　　　張淑貞
總編輯　　　　許貝羚
主編　　　　　張淳盈
版權專員　　　吳怡萱
行銷　　　　　曾于珊、劉家寧

發行人　　　　何飛鵬
事業群總經理　李淑霞
出版　　　　　城邦文化事業股份有限公司
　　　　　　　麥浩斯出版
地址　　　　　104 台北市民生東路二段 141 號 8 樓
電話　　　　　02-2500-7578
購書專線　　　0800-020-299

製版印刷　　　凱林印刷事業股份有限公司
總經銷　　　　聯合發行股份有限公司
地址　　　　　新北市新店區寶橋路 235 巷 6 弄 6 號 2 樓
電話　　　　　02-2917-8022
版次　　　　　初版一刷　2019 年 04 月
定價　　　　　新台幣 420 元／港幣 140 元

特別感謝：

台灣總代理 **TEST RITE 特力集團**

台灣發行
英屬蓋曼群島商家庭傳媒股份有限公司城邦分公司
地址：104 台北市民生東路二段 141 號 2 樓　讀者服務電話：0800-020-299（9:30AM~12:00PM；01:30PM~05:00PM）
讀者服務傳真：02-2517-0999　讀者服務信箱：E-mail：csc@cite.com.tw　劃撥帳號：19833516　戶名：英屬蓋曼群
島商家庭傳媒股份有限公司城邦分公司

香港發行
城邦〈香港〉出版集團有限公司　地址：香港灣仔駱克道 193 號東超商業中心 1 樓　電話：852-2508-6231　傳真：
852-2578-9337

馬新發行
城邦〈馬新〉出版集團 Cite(M) Sdn. Bhd.(458372U)　地址：41, Jalan Radin Anum, Bandar Baru Sri Petaling, 57000
Kuala Lumpur, Malaysia　電話：603-90578822　傳真：603-90576622

麥浩斯出版 · 愛生活讀者回函

※ 回函抽獎活動備註
1 請務必填妥：姓名、電話、地址及 E-mail。
2 得獎名單於 2019 年 8 月 15 日公告於愛生活手記官方部落格 http://mylifestyle.pixnet.net/blog。
3 獎品僅限寄送台灣地區，獎品不得兌現。
4 麥浩斯出版社擁有本活動最終解釋權，如有未竟事宜，以愛生活手記官方部落格公告為準。

※ 個資法說明
　為提供訂購、行銷、客戶管理或其他合於營業登記項目或章程所定業務需要之目的，城邦文化事業（股）
　公司於本集團之營運期間及地區內，將以其他公告方式利用您提供之資料。利用對象除本集團外，亦
　可能包括相關服務的協力機構。如您有依個資法第三條或其他需服務之處，得致電本公司客服中心電
　話請求協助。相關資料如為非必填項目，不提供亦不影響您的權益。

個 人 資 訊
姓　　名：＿＿＿＿＿＿＿＿＿＿　□女　　□男
年　　齡：□ 22 歲以下　□ 23～30 歲　□ 31～40 歲　□ 40～50 歲　□ 51 歲以上
通訊地址：□□□－□□

連絡電話：日＿＿＿＿＿＿　夜＿＿＿＿＿＿　手機＿＿＿＿＿＿
電子信箱：＿＿＿＿＿＿＿＿＿＿＿＿＿＿＿＿＿＿
　　　　　□同意　　　　□不同意　收到麥浩斯出版社活動訊息

請問您從何處得知本書？
□網路書店　　□實體書店　　□部落格 □ Facebook　　□親友介紹
□網站　　　　□其它＿＿＿＿＿＿＿＿＿＿＿＿＿

請問您從何處購得此書？
□網路書店　　□實體書店　　□量販店　　　□其它＿＿＿＿＿＿＿＿

請您購買本書的原因為？
□主題符合需求　　□封面吸引力　　□內容豐富度　　□其它＿＿＿＿＿＿

請問您對本書的評價？（請填代碼：1. 尚待改進→ 2. 普通→ 3. 滿意→ 4. 非常滿意）
書名＿＿＿＿＿　　　封面設計＿＿＿＿＿　　內頁編排＿＿＿＿＿
印刷品質＿＿＿＿＿　內容＿＿＿＿＿　　　整體評價＿＿＿＿＿

請問您對本書的建議是？
＿＿＿＿＿＿＿＿＿＿＿＿＿＿＿＿＿＿＿＿＿＿＿＿＿＿＿＿＿＿＿＿

特別感謝：

台灣總代理

KitchenAid 寄回函抽好禮！

2019 年 7 月 31 日前（以郵戳為憑），寄回本折頁讀者回函，
2019 年 8 月 15 日抽出 5 位幸運讀者。

1名

桌上型攪拌機
6QT 升降型・經典紅
定價 29,800 元

1名

桌上型攪拌機 5QT 抬頭式・經典紅
定價 24,800 元

1名

冰淇淋機配件組（帽環組）
定價 5,600 元

1名
5Q 陶瓷攪拌盆・金色年華
定價 4,290 元

1名
手持料理棒・經典紅
定價 3,990 元